나를 정화하는 **101**가지 습관

JIBUN O JOKA SURU 101 NO SHUKAN
by Ayako Tsuneyoshi

Copyright ⓒ 2008 Ayako Tsuneyoshi
All rights reserved.
Originally published in Japan by CHUKEI SHUPPAN CO., LTD., Tokyo.

Korean translation rights arranged with CHUKEI SHUPPAN CO., LTD., Japan
through THE SAKAI AGENCY and B&B AGENCY

나를 정화하는 101가지 습관

지은이 쓰네요시 아야코
옮긴이 서수지
펴낸날 2011년 6월 29일 • 1판 1쇄
펴낸곳 도서출판 사람과책
펴낸이 이보환
기획편집 이장휘, 허지혜, 신인영
마케팅 이원섭, 이봉림, 신현정
등록 1994년 4월 20일(제16-878호)
주소 서울시 강남구 역삼1동 605-10 세계빌딩 5층
전화 02-556-1612~4
팩스 02-556-6842
전자우편 man4book@gmail.com
홈페이지 http://www.mannbook.com

ⓒ 도서출판 사람과책 2010
Printed in Korea

ISBN 978-89-8117-128-5 23590
잘못된 책은 바꾸어 드립니다. 책값은 뒤표지에 있습니다.

101

나를 정화하는 101가지 습관

쓰네요시 아야코 지음 · 서수지 옮김

사람과 책

축하합니다! 이 책을 집어 든 여러분께 축하의 인사를 건넵니다. 책을 든 순간부터 '정화'는 시작됩니다! 난데없이 축하라니, '어? 아직 아무것도 안 했는데?' 하고 고개를 갸우뚱하는 분이 많겠죠. 그렇지만 사실이랍니다. 만약 지금 괴롭거나 일이 잘 풀리지 않아 힘들다면 필요 없는 에너지에 집착하거나 낡은 생각에 사로잡혀 있기 때문일 겁니다.

혹시 여러분은 '정화'라는 단어에 끌려 이 책을 집어 들지 않으셨나요? 시작이 반이라는 말처럼 정화는 이미 시작되었습니다. 정화가 필요하다는 사실을 깨달은 것 자체가 여러분 마음속의 정화 스위치를 켠 셈입니다!

저는 10년 가까이 아로마테라피와 체형 교정 등 보디테라피 일을 하고 있습니다. 제 가게에 오시는 손님은 먼저 불편을 호소하는데 찬찬히 이야기를 들어보면 꼭 몸 때문만은 아닙니다.

그 원인은 대개 생활습관, 식생활 또는 사고방식에 있습니다. 원인을 찾아내 문제를 해결할 수 있도록 조언을 하면 모든

분의 표정이 금세 환해집니다. 그리고 "해 보겠습니다!"라고 대답했던 분들은 다음번에 와서 한결 환해진 얼굴로 "엄청 좋은 일이 일어났어요!"라고 말씀해 주십니다. 그것을 보고 저는 '정화는 모든 일의 시작'이라는 사실을 새삼 깨닫곤 합니다.

　업무상 저는 아름다움과 건강에 관한 정보를 수집하는 취미가 있는데, 제가 모은 건강법과 정화법을 직접 시험해 보곤 합니다. 그중에는 다음과 같은 방법이 있습니다.

　　하루에 물 2리터를 마신다.
　　완전 채식을 한다.
　　하루에 두 끼만 먹는다.

　저는 인도의 요가 수행자에게 명상과 호흡법을 배웠습니다. 명상을 배울 때는 "명상에 집중하기 위해 지금부터 이성에게 호의를 품어서는 안 된다"라는 조언을 듣기도 했습니다! 이처럼 전문적인 정화법은 효과는 있지만 상당히 까다로워서 꾸준히 계속하기 힘듭니다. 그래서 이 책에는 '전문적인' 방법보다 바로 실행할 수 있고 즐기면서 효과를 실감할 수 있는 방법들을 모았습니다.

여러분은 이 책에 담긴 정화법이 일반적인 방법과 다르다고 생각할지도 모릅니다. 그러나 이 책에 담긴 정화법은 지금까지 제가 만난, 몸도 마음도 건강하고 깨끗한 분들에게 배운 방법에 저의 실제 경험을 더한 믿을 만한 정화 방법이라고 자부합니다. 이 정화 방법을 3000명이 넘는 고객에게 알려줬는데, 탁월한 효과를 봤다는 이야기를 들었습니다.

과연 효과가 있을까 미심쩍더라도 흥미를 가지고 이 방법을 꼭 한번 시험해 보세요. 이렇게 자신을 바꾸려는 시도를 하는 것만으로도 정화는 시작됩니다. 물론 여러분이 느끼는 긴장과 초조의 원인은 다양하므로 의외의 방법으로 몸과 마음이 깨끗해지는 효과를 보는 경우도 많습니다!

이미 '정화'의 스위치를 켠 분은 이 책에 담긴 내용을 시험 삼아 실천해 보세요. 그리고 따라해 보다가 마음에 든 방법을 발견하면 꾸준히 시도하세요. 그러면 점점 정화되어 가는 자신을 느낄 수 있을 겁니다.

이 책에 나온 정화 습관을 하나 둘 실천하다 보면 어느새 몸과 마음의 스트레스가 줄어든 것을 깨닫게 될 것입니다. 더불어 여러분이 원하는 것들이 계속 찾아올 겁니다. 왜냐하면 세계는 순환하기 때문입니다. 봄이면 벚꽃이 피고 겨울이면 잎이 지듯 세계는 순환합니다. 헌 옷을 벗었기에 새 옷을 입을 수 있는 것입니다. 자신에게 새로운 기운을 불어넣고 싶으면 먼저 '없앤다, 버린다, 정화한다'는 단계에서 시작해 보세요.

자신의 내부에 응어리진 앙금이 시나브로 풀어지면서 '새로운 생각', '새로운 사랑', '새로운 즐거움', '새로운 행복', '새로운 몸', '새로운 아름다움' 등 여러분이 바라 마지않던 일이 모두 이루어질 것입니다. 부디 즐거운 마음으로 '정화 습관'을 시작하기를 바랍니다.

쓰네요시 아야코

1장
바로 시작하는 '정화' 습관

1

자주 쓰지 않는 손을 사용한다

◆ ◆ ◆

'정화'라는 말을 들으면 여러분은 어떤 이미지가 떠오르나요?
'몸도 마음도 개운하게 씻을 수 있다면……' 이런 생각이 들
지 않나요? 표면은 씻을 수 있지만 몸 안이나 마음속은 씻어
내기 힘듭니다. 여러분 몸 안에는 '습관', '생각', '버릇', '소유
물', '인간관계' 등이 작은 티끌처럼 조금씩 쌓여 지금은 두꺼
운 기름때처럼 말라붙어 있기 때문입니다. 그렇다면 어떻게
할까요?

해법은 의외로 간단합니다. '여태까지 하지 않았던 일'을
하면 바로 효과를 볼 수 있습니다. 마구 엉킨 실타래를 풀려면
뭉친 부분을 찾아 조금씩 풀어 나가야 합니다. 아무리 애를 써
도 엉킨 부분이 좀처럼 풀리지 않더라도 실타래를 잡고 살살
흔들면 얼기설기 얽힌 뭉치가 슬슬 풀리는 것을 경험해 봤을
겁니다. 이와 마찬가지로 의외의 방법이 효과가 있는 경우가
있습니다.

일상생활에서 할 수 있는 가장 쉬운 정화 방법으로 우선 '자주 쓰지 않는 손'을 사용해 봅시다. 오른손을 자주 쓴다면 젓가락을 왼손으로 잡아 봅니다. 칫솔질도 왼손으로 해 봅니다. 화장실에서 화장지를 집을 때도 평소 안 쓰는 손을 써 봅시다. 그 정도만 해도 '어?' 하고 무언가 달라졌다는 느낌이 들 겁니다. 그 순간 '평소'의 '당연함'이 정화되면서 새로운 발견이 우리 내부에 싹틉니다.

다른 사람들의 시선을 의식할 필요가 없을 때는 뒤로 걷기를 추천합니다. 세계가 평소와 반대로 움직이는 것이 신선해 보일 겁니다. 익숙해지면 평소보다 약간 빨리 걷도록 합니다. 또 다른 방법으로 눈을 감고 방 안을 걸어 보세요. 평소에 의지하던 시각 외에 다른 감각이 깨어나는 걸 느낄 수 있답니다!

당연한 일을 당연시하지 않음으로써
정화가 시작된다!

2

소금으로 이를 닦는다

◆ ◆ ◆

몸의 정화는 2장에서 자세히 소개하겠지만 매일 하는 일 중에
추천하고 싶은 방법이 있습니다. 바로 아침에 일어나자마자
소금으로 이를 닦는 습관입니다.

소금에는 예부터 '정화'의 효과가 있다고 했습니다. 그래
서인지 일본에선 스모 경기장을 다질 때 액운을 쫓기 위해 소
금을 뿌립니다. 소금은 바닷물로 만듭니다. 바다는 생명을 낳
고, 만물을 정화해 줍니다. 그리고 소금은 썩는 것을 막아 줍
니다. 바닷물을 증발시켜 얻은 천일염에는 모든 생명의 어머
니인 바다가 가진 정화의 힘이 듬뿍 들어 있습니다. 그래서 바
다는 몸의 정화에 매우 효과적입니다.

자기 전에 이를 꼼꼼히 닦은 듯해도 아침에 혀로 훑어 보
면 입안이 깔깔하거나 텁텁할 겁니다. 밤사이 입안에서 다양
한 균이 증식했다는 증거입니다. 아침에 일어나면 물에 적신
칫솔에 소금을 약간 묻혀서 이와 잇몸을 중심으로 살살 문지
르듯 닦아 보세요. 그러면 잇몸이 튼튼해져 치주염이 예방되

고 치약을 쓰는 것보다 훨씬 개운해 아침 식사가 맛있게 느껴질 겁니다.

치아 같은 우리 신체의 '일부분'에 소금을 사용해도 소금의 정화 에너지가 온몸으로 퍼져 몸도 마음도 개운해집니다. 마음에 걸리는 일이 있어 신경이 예민해진 분은 소금을 봉지에 넣어 가방 속에 넣어두고 초조할 때마다 가만히 손으로 쥐어 보세요. 소금의 정화 에너지가 나쁜 기운으로부터 우리를 지켜주어 마음을 깨끗하게 해 주는 효과를 볼 수 있을 겁니다!

소금의 힘으로
몸도 마음도 정화하자!

3

알몸으로 잔다

◆ ◆ ◆

'알몸으로 자기'도 몸과 마음을 풀어 주는 효과적 방법입니다. 이 방법은 일본의 의학박사인 마루야마 준지가 제창한 '탈팬티 건강법'으로 '잠옷과 속옷을 입지 않고 자는 것'을 말합니다.

인간은 알몸으로 태어납니다. 그래서 몸에 무언가를 걸치면 보온과 장식 효과를 얻을지언정 몸에는 스트레스를 주게 됩니다. 알몸으로 자면 처음에는 허전하지만 익숙해지면 긴장이 이완돼 숙면을 취할 수 있어 아침이 훨씬 상쾌해질 겁니다.

그뿐 아닙니다. 알몸으로 자면 공기와 접촉하는 면이 늘어나 피부 호흡이 활발해지고, 옷을 입을 때보다 썰렁한 환경에 스스로를 보호하느라 체온이 올라가므로 산열 작용이 활발해집니다. 이 과정에서 몸의 신진대사가 촉진되어 면역력과 자가 치유력이 향상됩니다.

마루야마 박사가 탈팬티 건강법을 한 라디오 프로그램에서 소개한 뒤 '푹 잘 수 있게 되었다', '감기에 걸리지 않게 되었다', '냉증이 나았다'는 등 청취자들이 보낸 감사 엽서가 4000통에 달했다고 합니다.

침구는 흡습성이 좋은 천연소재를 사용합시다. 청결한 면과 실크는 피부에 닿으면 기분이 좋아질 뿐만 아니라, 몸에 닿을 때 긴장을 완화시켜 상당한 치유 효과가 있습니다. 일단 오늘 밤부터 알몸으로 자 보는 건 어떨까요? 질 좋은 수면을 취하면 하루를 상쾌하게 시작할 수 있습니다!

알몸으로 자면 마음이 해방되어
몸이 활성화된다!

4 글자를 멀리한다

◆ ◆ ◆

머릿속을 말끔히 비웁시다. 머리를 말끔히 비우는 데 좋은 방법은 '글자 멀리하기'입니다. 현대는 신문, 잡지, 텔레비전, 컴퓨터 등 글자의 홍수입니다. '하루라도 정보 수집을 하지 않으면 사회의 변화를 따라잡을 수 없어' 라는 생각에 조바심이 날지도 모릅니다. 그러나 글자를 읽느라 우리가 가진 소중한 것을 잃어버리고 있는 것인지도 모릅니다.

우선 글자에 집착하면 불필요한 데이터가 머릿속에 쌓입니다. 나와는 그다지 관계없는 이야기인데도 일단 머릿속에 입력되면 그에 대한 잡념이 늘어나 에너지를 낭비하게 됩니다.

글자의 또 한 가지 단점은 넘치는 정보로 주관이 없어진다는 것입니다. 다양한 정보에 휘둘려 사고능력이 저하되기 쉽습니다. 게다가 직감을 발휘할 수 없습니다. 글자를 보고 머릿속이 생각으로 가득 차면 우리에게 오는 깨달음을 놓치게 되기 때문입니다.

업무나 최소한으로 필요한 일 외에는 지하철을 타도 광고를 보지 않거나 휴대전화를 사용하지 않는 등 글자를 가능한 한 멀리합시다. 책 읽기도 삼갑시다. 텔레비전과 인터넷도 피하고 노래도 듣지 않는 등 말이 나오는 것은 모조리 멀리합니다.

그 대신 클래식 음악을 듣거나, 청소를 하거나, 소원해진 사람과 만나거나, 취미를 되살리거나, 자연 속을 거닐거나, 홀로 조용히 지내거나, 마음껏 자거나…… 지금까지 미뤄 둔 일을 해 보세요. 일주일 후 여러분은 놀라울 정도로 마음이 편해질 것입니다!

글자를 멀리하면
잠들었던 자아가 눈뜬다!

5

휴대전화 전원을 끈다

♦ ♦ ♦

유능한 비즈니스맨은 대부분 '주말에는 휴대전화 전원을 꺼
둔다'고 합니다. 휴일에는 느긋하게 몸과 마음을 쉬게 해 평일
에 쓸 기운을 축적해야 합니다. 휴대전화가 켜져 있으면 업무
상 걸려온 전화를 받지 않을 도리가 없고, 문자가 왔을 때 답장
을 보내지 않으면 상대방이 나를 무례한 사람이라고 오해하기
쉽습니다.

그러나 휴대전화를 켜 놓으면 우리 신경은 항상 업무 모
드가 되어 마음의 여유가 없어집니다. 친구에게서 좋은 일이
있으니 나오라는 문자 메시지를 받더라도 바로 답장을 보내려
다 성가신 일이라며 고민하다 소중한 주말 시간을 낭비하기도
합니다.

전화는 '자신의 시간을 빼앗는 물건'입니다. 쉬고 싶을 때
는 휴대전화 전원을 끄도록 합시다. 주말에는 휴대전화를 꺼
둔다고 미리 주위에 공표하면 주변에서도 '원래 그런 사람이

구나'라고 이해해 주기 때문에 예상 외로 껄끄러운 일이 생기지 않습니다. 누구의 방해도 받지 않는 자신만의 시간을 느긋하게 즐깁시다.

평소에 이유 없이 초조하고 불안했던 사람에게 '휴대전화 전원 끄기'는 무의식적으로 '의존'하는 습관을 정화해 주는 효과가 있습니다. 휴대전화는 편리한 반면 자신을 구속하는 도구입니다. 때로는 휴대전화의 마력에서 자신을 해방시킵시다!

'휴대전화 없는 날'을 만들어
진정한 나를 되찾자!

6

부정적인 뉴스는 보지 않는다

◆◆◆

하루에도 엄청난 양의 뉴스가 쏟아져 나옵니다. 그중에는 좋은 일도 있지만 대부분의 사람이 주목하는 뉴스는 역시 '사건' 입니다. 신문도 텔레비전도 뉴스도 지면과 방영 시간에 한계가 있기에 충격적인 사건부터 보도하게 됩니다.

인간은 상상력이 풍부한 존재라서 글만 보아도 참혹한 광경이 떠오릅니다. 예민한 사람은 가슴이 철렁합니다. '레몬'이라는 단어만 떠올려도 입안에 침이 고이는 것처럼 뉴스만 보아도 심장박동 수가 올라가거나 기분이 우울해집니다.

뉴스 시청을 당분간 삼갑시다! 부정적인 뉴스를 보고 이러쿵저러쿵 생각할 사이에 즐거운 일을 하면 에너지가 고양됩니다.

얼마간 뉴스를 보지 않으면 사물이나 사람에 대한 평소의 관점이 바뀝니다. 예를 들어 길에서 불량 청소년처럼 보이는 10대를 보았을 때 평소라면 혀를 차고 지나가겠지만 부정적

뉴스로 인한 선입견이 없어진다면 그 아이를 나름의 삶을 사는 인격체로 볼 수도 있습니다.

　당분간 뉴스만 끊어도 일상의 우울이 사라질 겁니다!

'뉴스 끊기'로
우울한 마음과 작별하자!

7

침묵하는 날을 만든다

♦♦♦

살다 보면 듣는 것보다 더 많은 말을 하게 됩니다. 말하기는 커뮤니케이션을 원활하게 해 주지만 상대방의 반응을 의식하게 되어 자신의 의식에 집중하는 일을 게을리하게 됩니다.

예전에 영적 체험을 하는 합숙 세미나에 참가한 적이 있습니다. 그곳에서는 서로 이름만 가르쳐 주고 직업이나 나이나 사는 곳을 말하지 않으며, 상대방에게도 묻지 않는 게 규칙이었습니다. 그리고 수련 외에 사적인 대화도 삼가야 했습니다. 처음에는 대화가 없어 따분했습니다. 그러나 대화를 삼가다 보니 점차 다른 사람에게 휘둘리지 않고 자신이 체험한 것과 배운 것을 반추할 수 있어 내면 깊숙이 들어갈 수 있었습니다.

수다를 떨거나 전화를 하거나 이메일이나 문자 메시지 주고받기도 쉬는 완전한 '침묵의 날'을 만들어 봅시다. 침묵을 통해 머릿속을 복잡하게 하거나 다른 사람에게 응대하기 위해 머리 굴리는 일을 중단합시다. 처음에는 다소 두려울 수도 있지만 '침묵'에 익숙해지면 곧 편안해질 겁니다. 침묵은 뇌에게 훌륭한 휴식입니다. 또 침묵은 자아를 발견하는 멋진 시간을 선물하기도 합니다.

정화는 먼저 '들이지 않는 일'에서 시작합니다. 여러분도 꼭 한번 '침묵'을 시험해 보세요!

'침묵'을 즐기면
자신을 보다 깊이 알게 된다!

8

손목시계를 푼다

♦ ♦ ♦

현대인을 속박하는 존재 중 하나가 '시간'입니다. 시간을 지키지 않으면 사회인으로서 감점이고, 시간에 맞추지 못하면 목적을 이룰 수 없습니다. 또 현대사회는 속도를 중시해 '신속'을 추구하다 보니 이런저런 일에 대한 희생을 강요당하기도 합니다. 분 단위로 나눈 일정에 묶여 있는 사람도 있습니다. 시간이 정해진 덕분에 정확한 시점에 일을 진행할 수 있지만 시간에 자신의 인생을 통제당하는 고충도 있습니다.

미하일 엔데의 명작 판타지 『모모』에는 효율화만 추구하는 '시간 도둑'이 사람과 사람 사이를 잇는 따스한 시간을 훔치는 모습이 그려져 있습니다. 이처럼 '정말 소중한 일'을 할 시간을 제대로 마련하지 못한다면 인간다운 행복을 맛볼 수 없겠지요.

손목시계를 풀고 탁상시계는 엎어 두고 시간을 의식하지 않고 지내는 날을 만들어 봅시다. 느긋하게 식사를 즐기거나 가족과 한가롭게 이야기를 나누거나 좋아하는 취미에 마음껏 몰두해 봅시다. 시간으로부터 해방되어 인생을 여유롭게 즐겨 봅시다. '효율화' 속에서 버려진 가치를 되찾는 감동을 맛봅시다.

시간의 속박에서 벗어나면 '진짜 소중한 것'을 되찾을 수 있습니다!

시간은
나를 위해 존재한다!

9

바닷물을 맛본다

◆◆◆

천일염은 바다의 힘의 정수(精髓)입니다. 가능하면 짬을 내서 바다에 갑시다. 예로부터 많은 '정화'와 '정결' 의식이 바닷속에서 행해졌습니다. 이처럼 바다에는 뛰어난 정화의 힘이 있습니다. 바다가 지닌 정화의 힘은 실제로 바다에 가서 귀로 파도 소리를 듣고, 코로 짭조름한 바다 내음을 맡고, 눈으로 푸른빛을 보면서 받아들일 수 있습니다.

　방파제 끝에 걸터앉아 바닷물에 손발을 담급니다. 바닷물에 발을 담그는 순간 몸에서 뭔가 빠져 나가는 느낌을 받는 분이 많을 겁니다. 서늘한 물과 발 아래에서 부서지는 모래의 감촉에 위로를 받는 분도 있겠지요. 그리고 그대로 앉아 잠시 바닷물을 혀로 핥아 봅니다. 짭짤하며 달큰한 바닷물의 정화 에너지를 몸 안으로 받아들이면 우리 몸은 한층 더 정화됩니다. 여름이라면 해수욕을 추천합니다. 온몸을 정결하게 하듯 바닷물로 정화해 봅니다.

바다가 가진 힘은 정화뿐만이 아닙니다. 제 언니인 만화가 쓰네요시 다미코는 결혼해서 인도네시아의 발리 섬에 살고 있습니다. 언니가 사는 발리 섬에 놀러갔을 때 발리인 형부를 비롯해 서핑하러 매일 바다에 들어가는 사람들의 피부가 매끈매끈하다는 것을 발견하고는 무척 놀랐답니다! 바다에 자주 들어가는 사람은 피부가 좋다고 합니다. 그 이유는 소금 속의 미네랄 성분이 촉촉하고 탱탱한 피부로 가꾸어 주기 때문이랍니다.

여러분도 짬을 내서 바다에 가 보는 게 어떨까요?

바다가 가진 정화의 힘을
온몸으로 느끼자!

10

흙냄새를 맡는다

◆ ◆ ◆

대지에도 정화의 기운이 듬뿍 깃들어 있습니다. 산에는 매년 낙엽이 엄청나게 쌓입니다. 그래도 '낙엽산'이 되지 않는 이유는 시간이 흐르면 그 낙엽들이 모두 분해되기 때문입니다. 민간요법에서는 해독을 위해 온몸을 흙에 묻기도 합니다. 대지에는 식물을 낳아 기르는 생명 에너지가 충만합니다. 나무의 녹색에는 치유 효과도 있습니다. 이처럼 대지에는 해독과 재충전의 기운이 넘쳐납니다!

도시의 대지는 대부분 아스팔트와 콘크리트로 덮여 있어 흙의 기운을 직접 받는 일이 매우 드뭅니다. 그렇지만 흙은 가까운 공원이나 가로수 밑동에도 있습니다. 그 흙을 밟아 보세요. 흙을 밟기만 해도 몸의 피로가 방전되듯 대지에 빨려 들어가는 기분을 느낄 수 있을 겁니다. 신발을 신어도 어느 정도 효과가 있지만 맨발로 잔디나 흙, 또는 모래 위를 걸으면 대지의 기운을 직접 받아들일 수 있습니다.

하루쯤 산길을 걸어 보세요. 대지의 에너지와 숲의 치유 효과를 모두 체감할 수 있답니다. 특히 신록의 계절 4월이나 5월에는 자연의 생명력이 한층 높아지므로 산길 산책을 적극 추천합니다.

그 계절에 또 추천하고 싶은 정화 방법이 있습니다. 나뭇가지나 이파리를 손으로 만져 보거나 쪼그려 앉아 흙 내음을 맡는 것입니다. 흙 내음을 가슴 가득 빨아들이면 상쾌함이 차오르며, 자연과 하나가 되어 살았던 태곳적 기억이 몸 깊숙한 곳에서부터 기운을 끌어내 줄 겁니다!

대지의 기운으로
나를 재충전하자!

11

야외에서 식사한다

◆ ◆ ◆

울적한 기분이 좀처럼 사라지지 않을 때 기분 전환에 효과적
인 방법이 있습니다. 바로 야외에서 식사하기입니다. 실내, 특
히 빌딩 사무실은 냉난방설비나 보안상의 이유로 창을 열 수
없는 경우가 흔합니다. 공기가 나름대로 순환된다고는 하지만
상쾌한 수준은 아닙니다. 식당이나 카페는 장소에 따라 퀴퀴
한 담배냄새가 배어 있기도 합니다. 그런 곳에서는 무의식중
에 매우 얕은 호흡을 하게 됩니다.

때로 야외에서 식사를 해 봅시다! 공원의 꽃과 나무, 분수
를 보면 우울한 기분이 날아가고 심호흡을 할 수 있어 몸의 에
너지가 넘쳐날 겁니다. 푸른 하늘과 태양에서도 활력을 받을
수 있습니다. 집 뜰이나 베란다에서 식사를 하며 가벼운 소풍
기분을 맛보는 건 어떨까요?

야외에서 먹는 음식은 주먹밥이나 샌드위치처럼 간단한
음식도 좋으니 직접 만들어 보세요. 시간과 공을 들여 만든 요

리에는 '애정'과 '치유의 힘'이 담겨 있습니다. 직접 손으로 만든 음식을 먹으면 기계로 만들어 첨가물을 섞은 먹을거리보다 에너지를 듬뿍 받을 수 있습니다.

저는 취미 삼아 고향인 가마쿠라의 산을 산책하곤 합니다. 숲 속 작은 공터에 잠시 앉아 반짝반짝 빛나는 나뭇잎 사이로 비치는 햇빛을 받으며 흙 내음을 맡습니다. 그리고 주먹밥을 한 입 가득 베어 물면 마음 깊은 곳에서부터 충만감을 느낍니다!

바깥 공기에
우울함을 날려 버리자!

12

월광욕을 한다

♦ ♦ ♦

달이 가진 정화의 힘도 매우 강력합니다. 달이 조수 간만의 차를 일으키는 것과 마찬가지로 몸의 70퍼센트가 물로 이루어진 우리 인간도 달 주기의 영향을 강하게 받습니다.

보름에는 출산율이 상승한다고 합니다. 아울러 보름은 정화의 힘이 고조되는 시기입니다. 보름과 보름 전후에 밖으로 나가 월광욕을 하는 건 어떨까요? 달빛의 파장을 피부로 호흡하면 세포가 활성화됩니다. 그뿐 아니라 달 에너지의 높은 파동이 인간에게 공명 현상을 일으켜 스트레스 등 불필요한 찌꺼기가 배출되어 마음속을 맑게 해 주는 작용을 합니다. 밤에 달을 바라보며 이야기를 나누다 보면 낮에 하는 것보다 한층 차분한 상태에서 대화에 몰두할 수 있을 겁니다.

더욱 효과를 높이고 싶으면 '달빛 호흡'을 해 봅시다. 달빛을 받으며 조용히 달 에너지를 받아들입니다. 그리고 우리 안의 불필요한 앙금이 날숨과 함께 빠져나간다고 상상해 보세요. 세기의 미인 클레오파트라는 월광욕을 즐겼다고 합니다. 달의 힘으로 아름다움과 건강을 지킨 것이지요!

달의 주기를 활용하면 한층 더 도움이 됩니다. 보름에서 그믐까지 달이 이지러지는 시기는 '정화'와 '배출' 작용이 활발한 때로 다이어트와 청소에 최적입니다. 수술 성공률도 이 시기에 높다고 합니다.

초하루는 새로운 일을 시작하는 절호의 시기입니다. 예부터 보름에 소원을 빌면 이루어진다고 했습니다. 보름에서 그믐까지 달이 차오르는 시기는 '보급'과 '섭취'의 시기입니다. 몸에 에너지를 축적하는 시기이기 때문에 몸을 만드는 데는 적합하지만 다이어트에는 맞지 않습니다.

고대부터 인간은 달의 주기에 맞춰 생활해 왔습니다. 여러분도 달이 가진 힘을 활용해 보는 건 어떨까요?

달이 가진 신비한 힘으로
깨끗한 몸과 마음을 만들자!

13
파도 소리를 CD로 듣는다

◆ ◆ ◆

바다가 가진 정화의 힘을 알더라도 실제로 시간을 내 바다에 가기는 힘듭니다. 그런 분에게 추천하는 방법이 있는데 바로 CD로 파도 소리를 듣는 것입니다.

"내 귀는 조개껍질. 언제나 바다 소리를 그리워한다" 이 것은 장 콕토의 유명한 시구입니다. 장 콕토의 시처럼 바다 소 리에는 정화의 힘과 생명의 어머니 바다를 연상하게 하는 치 유의 에너지가 가득합니다.

요즘에는 자연의 소리를 담은 CD가 다양하게 나와 있으 니 마음에 드는 음반을 골라 들어 보세요. 밤에 잠들 때 자연의 소리에 귀를 기울이며 따스한 바다에 몸을 맡기는 장면을 상 상하면 엄마 뱃속에 있던 때가 떠오르며 영혼의 긴장이 이완 됨을 느낄 수 있답니다.

바다보다 산을 좋아하는 분이라면 작은 새가 지저귀는 소 리나 계곡물이 졸졸 흐르는 소리, 바람이 우듬지를 스치는 소리 등이 담긴 음반을 들으며 신록이 충만한 산 속을 헤치고 들어가는 모습을 상상하면 긴장이 한결 완화될 겁니다.

소리를 들으면 그 '정경'과 '공기'가 함께 느껴집니다. 그래서 일상의 일로 경직된 사고에서 벗어나 그 소리가 속한 곳으로 빠져들게 됩니다. 소리를 이용하면 방 안에 있어도 마음과 영혼이 소리가 있는 장소의 공기에 휩싸여 정화되거나 치유받게 됩니다.

소리의 힘은 또 있습니다. 예전에 저는 약속 장소에 갔다가 뭔가 꺼림칙한 기분이 들어서 가지고 있던 자연의 소리가 담긴 치유 음악을 틀었습니다. 그러자 순간 공기가 바뀌는 느낌이 들며 꺼림칙한 기분이 사라졌습니다. 이때 저는 소리에 공간을 정화하는 힘이 있다는 사실을 실감했습니다. 자연의 소리가 담긴 음반을 구하기 힘들면 방의 네 모퉁이에서 손뼉을 쳐도 효과가 있습니다.

여러분도 소리가 가진 정화의 힘을 꼭 한번 시험해 보세요!

자연의 소리로
정화와 치유의 에너지를 받아들이자!

14

물 한 잔으로 이를 닦고 세수한다

◆ ◆ ◆

지금까지 당연하다고 여겨 온 일에서 벗어나 비상식적인 일을 해 보는 것은 '편견'을 떨치는 데 효과적입니다.

우리는 수도꼭지만 틀면 물이 나오는 도시에서 살고 있어서 물의 소중함을 알지 못합니다. 하지만 지구상에는 재해로 단수가 되거나 기후적 원인 때문에 먼 우물과 강으로 물을 길러 가야 하는 나라도 있습니다. 그런 나라에 사는 사람에게 물은 귀중품입니다.

우리는 아침이면 칫솔에 치약을 듬뿍 묻혀 이를 닦고 거품투성이 입을 몇 잔의 물로 헹구거나 물을 흠뻑 튀겨 가며 세수를 합니다. 이닦기도 세수도 '물 한 잔'으로 해 보는 건 어떨까요?

불가능하다고 생각하는 분도 있겠지만 치약 대신 소금을 쓰면 입안을 헹구는데 많은 물이 필요하지 않습니다. 비누 세수는 힘들지만 물세수는 충분히 할 수 있습니다. 실천해 보면 상당한 성취감을 맛볼 수 있답니다!

이렇게 하다 보면 물건을 필요 이상 낭비하고 있다는 사실을 깨닫게 되는 분도 있을 겁니다. 우리의 일상생활을 생각보다 소박하게 꾸려 나갈 수 있습니다.

나도 모르는 사이에 붙은 '생활의 군살'을 없애고 소박한 삶을 향해 한 걸음 내디뎌 볼까요? 의외로 보람을 느끼고 마음이 한결 가벼워져서 깜짝 놀라실 거예요!

군더더기 없는 삶의
소박한 즐거움을 맛보자!

15

손으로 식사한다

♦♦♦

고정관념을 없애기 위한 또 다른 방법으로 '손으로 식사하기'
를 추천합니다.

한국과 일본, 중국은 '젓가락' 문화가 발달했기 때문에 식
사 때 손을 사용하면 '버릇없고 지저분하다'는 생각을 하기 쉽
습니다. 그렇지만 인도나 인도네시아 등 더운 나라에서는 손
으로 식사를 합니다. 더운 나라는 위생 상태가 좋지 않아 숟가
락과 포크를 잘 관리하지 않으면 잡균이 번식하기 쉽기 때문
입니다. 그래서 더운 나라에서는 손을 자주 씻고 손으로 식사
하는 것이 훨씬 위생적이라고 생각합니다.

손으로 식사하면 또 다른 장점이 있습니다. 바로 '잠들었던
감각'이 깨어나는 것입니다. 영성 세미나에 갔을 때 밥뿐만 아
니라 된장국도 손으로 먹어야 했는데 처음에는 상당히 어색하
고 이상했지만 점차 신기하고 재미있다는 생각이 들었습니다.

손가락은 매우 민감한 신체 기관입니다. 따끈한 밥, 그리

고 액체로 된 된장국, 된장국 안의 부들부들한 두부, 미역국 안의 미끌미끌한 미역……. 그런 먹을거리들을 손으로 잡으니 그 촉감은 이루 말할 수 없이 신기했습니다. 미각은 물론 손가락의 촉각으로도 식사를 즐기게 되었습니다. 당연하게 먹던 음식이 이렇게 뜨거웠나 하고 놀라는 한편, 먹을거리의 형태를 생생하게 느끼며 '먹는' 행위를 깊이, 제대로 느낄 수 있었습니다.

식사란 '생명을 받아들이는 행위'입니다. 손으로 먹어 보면 그 말이 실감나면서 먹을거리를 더욱 소중히 여기게 됩니다!

손으로 먹으면 음식의 고마움을
생생하게 느낄 수 있다!

16

자유롭게 춤춘다

◆◆◆

'저기까지 걸어야지', '저걸 집자' 이처럼 몸은 대개 의식에 따라 움직입니다. 그러나 몸은 '무의식'에 의해서도 움직입니다. 몸을 의식에서 해방시켜 몸이 '느낀 대로' 음악에 맞춰 춤을 추면 몸과 마음이 상쾌해집니다!

'스피리트 댄스', '힐링 댄스' 워크숍은 전국적으로 열리고 있습니다. 다른 사람 앞에서 춤추는 것을 쑥스럽게 여기는 분도 많을 겁니다. 그런 분은 널찍한 방 안에서 음악을 틀고 맨발로 몸을 움직여 봅시다.

음악은 박자가 느린 것과 빠른 것을 섞어서 틀면 좋습니다. 대지의 기운을 느끼게 해 주는 큰북 소리가 들어간 음악이 보다 강력한 정화의 힘을 느낄 수 있지만, 자신이 좋아하는 음악도 상관 없습니다. 단 가사가 있는 음악은 가사에 집중하게 되므로 굳이 골라야 한다면 외국어 가사가 있는 음악을 사용합니다.

곡에 맞춰도 좋고 맞추지 않아도 좋습니다. 제가 예전에 참가한 힐링 댄스 워크숍에서는 몸을 흔드는 사람, 머리를 마구 흔드는 사람, 뛰어다니는 사람, 손을 열심히 위로 뻗는 사람, 네 발로 기는 사람, 데굴데굴 구르는 사람 등 다들 눈을 반쯤 감고 자유롭게 몸을 움직였습니다. 자유롭게 몸을 움직이자 모두 온몸이 땀범벅이 되었습니다. 그리고 마음껏 몸을 움직인 덕분인지 모두 매우 유쾌한 표정이었습니다. 몸이 아파 잘 움직이지 못했던 사람도 믿기지 않을 정도로 잘 움직였습니다.

머리를 텅 비우고 의식을 해방시켜 무의식에 몸을 맡기고 자유롭게 움직이면 몸의 자정 작용이 활성화되기 시작합니다.

춤으로 몸도 마음도 상쾌하고 건강하게 만들어 봅시다!

무의식에 몸을 맡기면
자정 작용으로 건강해진다!

17

지갑을 비운다

◆ ◆ ◆

지갑이 영수증과 포인트 카드로 넘쳐나고 있나요?

금전운을 좋게 하려면 지갑을 말끔히 비워야 합니다. 영수증은 '돈이 나간 기록'이므로 돈과 함께 두면 돈이 안절부절 못한다고 합니다. 영수증을 돈과 함께 넣지 말고 다른 주머니에 넣어 두는 습관을 기릅시다. 그리고 자주 사용하지 않는 포인트 카드와 현금 카드 및 신용 카드는 과감히 없앱시다. 지갑을 말끔히 비우면 새로운 돈이 들어오기 쉬워진답니다!

또 지폐는 한 방향으로 가지런히 넣어 둡시다. 지폐에도 '마음'이 있다고 생각해 보세요. 위아래가 반대로 놓여 있다면 불편하겠지요? 또 지폐를 가지런히 넣어 두면 반듯이 꺼낼 수 있어서 돈을 받는 사람의 기분도 좋아집니다.

지갑과 돈을 소중하게 다루다보면 적은 돈에 아등바등하기보다는 지금 내가 가진 것에 감사하는 마음을 갖게 되고, 이것이 결국 '풍요'를 불러오기 때문입니다.

'한번 나가면 그만'이라는 마음으로 돈을 함부로 다루면 돈은 그렇게 되는 법입니다. 그러나 '나 자신과 다른 사람을 기쁘게 해 주기 위해 쓰는 것'이라는 마음가짐으로 정중하게 다루면 그 마음에 보답하듯 돈이 넉넉하게 들어오고, 지갑 안에서도 마음 편하게 지내게 됩니다.

은행에서 돈을 찾을 때나 잔돈을 받을 때도 마찬가지입니다. '내게 와 줘서 고마워!'라는 기쁜 마음으로 지갑에 넣읍시다. 돈을 기쁘게 받고 기꺼이 씀으로써 풍요를 자주 경험합시다!

지갑을 말끔히 비우면
새 돈이 들어온다!

18 새로운 일을 한다

◆ ◆ ◆

부정적인 기운을 정화하고 새로운 에너지를 받아들이고 싶을 때는 새로운 일을 하는 것도 좋은 방법입니다.

제 지인은 실연당하면 옛 연인과 함께 사용하던 컵과 접시, 그릇 등을 모두 새것으로 바꿔 기분 전환을 한다고 합니다.

"그러면 일부러 떠올리고 우울해할 일도 없어. 전에는 파란색 물건이 많았는데 이번에는 노란색으로 바꾸면 노란색처럼 밝은 사람과 인연이 생길지도 몰라."

지인의 말처럼 새로운 일에는 새로운 인연을 불러들이는 힘이 있는 모양입니다.

일본의 풍수 전문가인 리노우에 유치쿠는 풍수적으로 '낡은 물건에는 운이 따르지 않는다'라고 말합니다. 입지 않는 옷이나 낡은 속옷은 과감히 버리고 새로운 기운이 담겨 있는 옷을 사는 것도 좋은 방법입니다. 커튼과 침대 커버, 걸어 두었던 그림과 사진을 바꾸면 방의 공기도 달라집니다. 머리를 자르거나 파마를 해도 좋습니다. 평소 사용하던 식재료의 상표만 바꾸어도 새로워진 느낌을 받을 수 있습니다.

'새로운 바람이 새로운 인연을 부른다'라는 말처럼 지금까지 해 보지 않았던 취미 활동이나 스포츠 등 새로운 일을 시작하면 새로운 감동을 느낄 수 있습니다.

일본 전통 피리를 배우기 시작한 제 고객은 텔레비전에 빠져 있던 시간에도, 꾸벅꾸벅 졸던 시간에도 피리 연습을 했다고 합니다(물론 소리를 작게 줄여 주는 기구를 사용했다고 합니다!). 그러자 점점 실력이 늘어나 즐거움을 느낄 수 있었고, 숨을 내뱉는 연주 기법이 심호흡하는 데 도움이 되었는지 마음이 평온해져 초조함도 덜 느끼게 되었다고 합니다. 눈을 반짝이며 "일상에 활력이 생겨 왠지 모르게 행복하다!"라고 말하던 그분의 모습이 생생하게 떠오릅니다.

새로운 에너지를 받아들이면
새로운 인연이 나타난다!

19

파워스톤을 활용한다

◆ ◆ ◆

정화라는 말을 들으면 '파워스톤'을 떠올리는 분이 많을 것입니다. 천연석은 몇만 년 몇천 년에 걸쳐 대지의 기운을 흡수한 결정체입니다. 그래서 고대부터 인간은 돌을 장식품으로 사용해 그 에너지를 받아들이거나 부적으로 지니고 다녔습니다. 다양한 종류의 천연석은 제각기 고유한 파동을 내뿜는데 그 기운이 인간과 동조하면 효과를 발휘한다고 합니다.

파워스톤 상점에 가면 연애운을 높이려면 장미석, 금전운을 높이려면 황수정이나 호안석, 건강운에는 전기석, 사업운에는 청금석, 인간관계를 원활하게 하려면 남주석을 사라는 등 다양한 파워스톤의 효능을 설명해 줄 겁니다.

그중에서도 정화에 좋은 파워스톤은 '수정'입니다. 수정은 '만능 천연석'이라 부를 정도로 효과가 다양한 파워스톤으로, 특히 마이너스 에너지를 해소하는 힘이 뛰어납니다. 방에 두어도 좋고, 몸에 지니고 다니면 자신을 지켜 주는 효과가 있습니다.

    파워스톤 전문점에 가서 직감력이 뛰어난 왼손에 파워스톤을 올려놓고 어떤 느낌이 오는지 지그시 집중해 자신에게 맞는 파워스톤을 찾아봅니다. 몇 개 시험해 보고 '이거다!' 싶은 파워스톤이 있으면 그것이 바로 당신에게 필요한 돌입니다.

    파워스톤을 사면 잠시 흐르는 물에 씻어 달라붙은 잡다한 에너지를 정화합니다. 보름밤에 달빛을 쐬어도 좋습니다. 그리고 '앞으로 잘 부탁해, 고마워!' 하고 감사와 존경의 마음을 담아 돌을 다룹니다. 그러면 그 파워스톤이 여러분의 든든한 길동무가 되어 줄 것입니다!

돌의 힘으로
나쁜 기운을 몰아내자!

20
향기를 맡는다

◆ ◆ ◆

공기 정화에는 '향기'도 효과적입니다. 절에서 은은한 향 냄새
를 맡으면 왠지 마음이 차분해지지 않나요?

　　파워스톤을 정화할 때 사용하는 '화이트 세이지'라는 허
브가 있습니다. 화이트 세이지는 세이지 잎을 건조시켜 만드
는데, 미국 인디언은 예부터 화이트 세이지를 신성한 의식을
할 때 정화의 수단으로 사용했습니다.

　　세이지 끄트머리에 불을 붙이면 향처럼 붉게 타면서 연기
가 나옵니다. 이 연기를 방 네 귀퉁이와 기운이 고여 있는 곳을
중심으로 피우면 공간을 맑고 깨끗하게 정화해 줍니다. 말로
표현하기 힘들 정도로 싱그러운 이 향기는 정신적인 스트레스
나 부정적인 에너지를 정화해 주는 치유 효과가 있습니다!

　　아로마테라피 에센스의 하나인 '로즈메리'도 추천합니다.
로즈메리는 살균력이 뛰어나 유럽에서는 전염병이 퍼졌을 때
병원에서 다발로 만들어 밟게 해 그 향기로 공기를 정화했습

니다. 로즈메리 아로마 에센스를 아로마 램프에 넣어 피우거
나 분무기에 물과 골고루 섞은 다음 뿌리면 방 안이 정화됩니
다. 살균 효과가 탁월한 라벤더와 섞어서 사용해도 좋습니다.

세이지와 로즈메리 모두 머리를 상쾌하게 하는 데 매우
좋은 향기입니다. 공간뿐 아니라 나 자신도 상쾌하게 해 주는
향기 정화를 꼭 한 번 시험해 보세요!

향기의 힘으로 공간도 머리도
상쾌하게 재충전!

21 미니 제단을 만든다

◆ ◆ ◆

미니 제단 만들기는 '마음을 정화하자'고 결심했지만 바쁜 일상에 쫓겨 좀처럼 실천하지 못하는 분께 추천하는 방법입니다.

미니 제단을 만들어 집 안에 두면 정화를 생활의 일부로 끌어들일 수 있습니다. 선반 위나 좁은 공간도 상관없습니다. 하얀 손수건을 깔고 그 위에 자신이 좋아하는 파워스톤과 여신상, 수호천사 그림, 종교가 있는 사람이라면 자신의 종교와 관련있는 성물을 장식해 둡니다. 기독교인 집에 가면 십자가 등을 모셔 둔 선반이 있는데 그와 마찬가지입니다. 그리고 미니 제단을 볼 때마다 '지켜 주어 고맙다', '이곳에서 정화의 에너지를 받고 있다'고 생각합니다. 그 마음이 상승 작용을 일으켜 에너지를 고양시킵니다.

제단을 꽃, 깨끗한 물, 양초, 그리고 향으로 장식하는 것도 도움이 됩니다. 이것은 '땅, 물, 불, 바람'의 사원소를 상징합니다. 파워스톤 등은 '영혼의 상징(하늘)'입니다. 이렇게 해서 미니 제단이 완성됩니다.

　제 친구이자 심령치료사인 요시노 나미는 절이나 교회의 제단은 모두 이런 형태로 구성되어 있으며, '상징' 부분은 신앙의 대상이 되는 신을 나타낸다고 주장합니다.

　방의 불을 끄고 꽃이 가진 자연의 에너지, 양초가 가진 불의 에너지, 향이 가진 바람의 에너지, 하얀 손수건이 가진 땅의 에너지, 파워스톤이 가진 공기의 에너지를 느껴 봅시다. 그리고 향 내음을 가슴 깊이 들이마십니다. 영혼의 상징과 마주하며 일상에 감사하고, 고민이 있으면 최선의 방향을 제시해 달라고 빈 다음, 마지막으로 감사의 인사를 합니다.

　정화된 공간에서는 영적으로 좋은 기운이 잘 전해지므로 어떤 문제든 빨리 해결됩니다. 그리고 무엇보다 청정한 기분이 마음속에 가득 차게 됩니다!

미니 제단으로
보이지 않는 힘을 지원받자!

22
아침 정화 의식을 치른다

◆ ◆ ◆

하루를 상쾌한 기분으로 시작하기 위한 아침 프로그램을 소개합니다.

잠자리에서 일어나면 차가운 물로 손과 얼굴을 꼼꼼히 씻습니다. 눈을 깜빡깜빡거려 눈 안까지 깨끗하게 씻어 냅니다. 물은 '정화'의 힘과 함께 서늘한 자극으로 머리를 깨워 줍니다.

그리고 천일염으로 이를 닦고 입안을 말끔히 헹구어 소금이 가진 정화의 힘을 받아들입니다. 깨끗한 물을 한두 잔 마셔 장 속까지 깨끗이 합니다. 깨끗한 물 한 잔은 잠자는 동안 잃어버린 수분을 보충해 주는 동시에 정화 작용을 촉진합니다.

이어서 머리를 감습니다. 두피를 가볍게 마사지하듯 정성스럽게 감습니다. 가이바라 에키켄(일본 에도시대의 본초학자이자 유학자 - 옮긴이)의 『양생훈』에는 두피 마사지가 '기의 흐름을 좋게 한다'라고 씌어 있습니다.

그리고 창을 열어 봅시다. 모든 방의 창문을 열어 바람이 통하도록 합니다. 밤사이 고인 이산화탄소가 말끔히 사라질겁니다. 열린 창문으로 들어오는 청정한 아침 공기를 가슴 가득 들이마십니다. 가벼운 스트레칭으로 몸을 풀고 몸 구석구석을 움직여 정체된 기운을 흐르게 합니다.

그런 다음 아침 해를 맞이합니다. 태양 에너지도 정화 작용을 합니다. 아침 해는 활동 에너지를 충전해 줍니다. 그리고 가족에게 웃는 얼굴로 아침 인사를 합니다. 가족이 없으면 가족사진을 향해 인사합니다. 웃는 얼굴은 사랑의 힘을 내뿜습니다. 목소리는 신비한 힘을 가지고 세상으로 퍼져 나갑니다. 여러분의 아침이 상쾌해질 겁니다!

상쾌한 아침으로
하루를 시작하자!

23

밤 정화 의식을 치른다

◆◆◆

하루 종일 밖에서 받아들인 다양한 기운을 모두 정화하고 잠자리에 들면 숙면을 취할 수 있습니다.

외출에서 돌아오면 비누로 손을 깨끗이 씻어 손에 달라붙은 오염물질을 물에 흘려보냅니다. 손을 씻어도 개운해지지 않으면 팔꿈치까지 씻도록 합니다. 그리고 가능하다면 욕조에 몸을 담급니다. 땀과 함께 노폐물뿐 아니라 마음의 찌꺼기까지 모공으로 배출될 겁니다. 몸을 씻을 때는 발가락 사이까지 꼼꼼히 닦습니다. 발가락 사이에는 림프액이 고여 있어서 발가락 사이를 마사지하면 혈액순환이 촉진되어 노폐물이 잘 배출됩니다.

욕조에서 나오면 찬물도 좋고 따뜻한 물도 좋으니 깨끗한 물을 한 잔 마십니다. 물이 부족한 수분을 보충해 주어 몸속이 촉촉해집니다.

잠자리에 들기 전 가볍게 스트레칭을 하여 그날의 피로를 풀어 줍니다. 이러한 간단한 의식을 치르면 다음 날 아침 몸의 피로가 한결 줄어들 겁니다.

몸 구석구석까지 개운하게 풀리면 그날 하루를 돌아봅시다. 부정적인 생각이나 초조한 마음이 의식 밑바닥에 앙금처럼 가라앉아 있을지도 모릅니다. 그러나 지금 우리는 이렇게 이불 속에서 쉴 수 있습니다. 현재의 휴식에 감사하며 깊이 숨을 들이쉬고 내쉽니다. 날숨과 함께 긴장감이 빠져나가고, 들숨과 함께 만사를 순조롭게 만들어 주는 멋진 힘이 들어오는 장면을 그려 봅니다. 호흡과 더불어 마음의 긴장이 풀리는 것을 느낄 수 있을 겁니다. 오늘 하루 무사히 보낸 것에 감사하며 편안하게 잠자리에 듭시다!

하루의 피로를 정화하면
숙면을 취할 수 있다!

2장
몸 정화하기

24

맛있는 물을 마신다

◆◆◆

몸을 유지하기 위해 물은 없어서는 안 되는 존재입니다. 몸의 70퍼센트가 물로 이루어져 있고 뇌의 약 85퍼센트가 물입니다. 혈액을 만드는 물질도 물, 신경을 움직이는 물질도 물, 호흡할 때에도 물이 필요합니다. 또 호흡과 소변 등으로 매일 약 1.5리터의 수분이 배출됩니다.

현대인들은 이렇게 소중한 물을 섭취하는 양이 부족한 경우가 다반사입니다. 물 대신 음료수를 마시거나 바쁜 업무에 치여 화장실 가는 시간조차 아까워하며 물을 마시지 않는 등 여러 가지 이유에서 물 마시는 일을 게을리합니다. 수분이 부족하면 머리가 띵하고 몸의 노폐물이 배출되지 않아 피부가 부석부석해집니다. 몸을 정화하고 싶으면 일단 수분 보충부터 시작해야 합니다!

커피와 홍차 등은 이뇨 작용을 촉진해 몸에 수분이 공급되기 전에 배출하게 합니다. 사실 혈액순환에 가장 좋고 몸을 촉촉하게 해 주는 물은 '맹물'이랍니다!

　　마시는 물은 자연의 힘이 듬뿍 깃든 지하 천연수가 제일 좋습니다. 그러나 사정이 여의치 않으면 정수기로 거른 수돗물도 관계없습니다. 목이 마르다고 해서 찬물을 벌컥벌컥 들이켜는 것은 좋지 않습니다. 시원한 기운 때문에 찬물을 선호하는 사람이 많은데, 갑자기 찬물을 마시면 내장이 차가워지고, 혈관이 수축돼 건강에 해롭습니다. 우리 몸에는 체온과 비슷한 정도의 미지근한 물이 가장 좋습니다. 또 물을 마실 때는 꿀꺽꿀꺽 마시지 말고 한 모금씩 천천히 씹어 삼키듯 마셔야 흡수가 잘 됩니다.

　　잠자리에서 일어나자마자 한 잔, 오후에 한 잔, 목욕을 마친 뒤에 한 잔 등 하루에 1.5~2리터 정도 마십니다. 직장에서 일하느라 이렇게 하기 어렵다면 작은 병에 물을 담아 주변에 놓고 물 마시는 습관을 들이도록 합니다.

　　정화와 에너지 향상을 위해 제일 먼저 물 마시는 습관을 들입시다!

　　　　　　　　　물은 몸을 정화시켜
　　　　　　　　신진대사가 원활해진다!

25

과일 단식을 한다

◆ ◆ ◆

우리 몸은 우리가 섭취하는 음식으로 만들어집니다. 그러나
'무엇을 먹을지' 그다지 신경쓰지 않는 사람들이 많습니다. 마
구잡이로 음식을 먹어 뚱뚱해졌거나 몸상태가 나빠졌다면 위
장 또한 과중한 업무로 지쳐 있다고 봐도 됩니다.

　과식을 하면 소화해야 할 음식물이 위장에 잔뜩 쌓여 우
리 몸을 활발하게 해 주는 신진대사 작용이 소화에 과다하게
편중됩니다. 따라서 피로가 쉽게 풀리지 않거나 면역력이 저
하되어 감기에 잘 걸리거나 꽃가루 등의 물질 때문에 알레르
기 질환을 일으키기 쉬운 체질이 되기 쉽습니다.

　그럼 위장을 쉬게 하려면 어떻게 해야 할까요? 가장 좋은
방법은 '단식'입니다. 위장에 음식물이 들어가지 않으면 위장
이 쉬겠지요? 그러나 공복에 익숙하지 않으면 배에서 꼬르륵
꼬르륵 소리가 나거나 끼니를 걸렀다는 생각에 다음 식사 때
두 배로 먹게 됩니다. 그래서 저는 중국인 한의사 선생님께 배

운 '과일 단식'을 추천합니다. 방법은 간단합니다. 밥 대신 과일, 특히 사과를 마음껏 먹는 것입니다.

사과에는 다량의 비타민과 미네랄, 효소가 포함되어 있어 몸에 활력을 불어넣고 섬유질이 풍부해 배변 활동을 촉진합니다. 칼륨이 들어 있어 부기가 빠지고, 무엇보다 맛이 달콤해 공복감을 느끼지 않게 도와 줍니다. 그리고 사과에는 동물성 단백질과 지방이 들어 있지 않아 위에 부담을 주지 않습니다.

제게 '과일 단식'을 가르쳐 준 중국인 한의사 선생님은 일주일에 하루를 '과일 단식'의 날로 정해 꾸준히 지킨 결과 5킬로그램 감량에 성공했다고 합니다.

'과일 단식'으로 힘들지 않게 몸을 정화해 봅시다!

과일로
위장을 쉬게 하자!

26

디톡스 식품을 먹는다

◆ ◆ ◆

요즘에는 여러분이 구입하는 대부분의 음식물에 각종 첨가물이 들어 있거나 농약이 묻어 있다고 해도 과언이 아닙니다. 때문에 가정에서 정성 들여 만든 음식에서도 미량의 유해 중금속이 검출되기도 합니다. 그러한 유해물질은 모르는 사이에 조금씩 몸에 축적되어 해를 끼칩니다. 그래서 건강에 관심이 많은 현대인 사이에 '디톡스'란 단어가 급부상하고 있습니다. 디톡스는 독소를 배출한다는 뜻입니다.

디톡스에 효과 있다고 알려진 몇 가지 방법에는 다음과 같은 세 가지 공통점이 있습니다.

1. 디톡스 효과가 높은 채소를 먹는다.
2. 식물성 섬유질을 듬뿍 섭취한다.
3. 물을 마시고 땀을 흠뻑 흘린다.

유해물질의 독성을 완화시키는 황화알릴이 포함된 채소로는 양파, 파, 부추, 마늘 등이 있습니다. 감귤류와 녹황색 채소에 풍부한 비타민 C도 같은 효과가 있습니다. 또 얼갈이배추, 시금치, 차조기 등에 포함된 엽록소는 유해물질을 흡착해 배출시킵니다. 양배추, 브로콜리, 대파 등에 포함된 이소티오시아네이트는 간 기능을 향상시켜 주고 해독 작용을 촉진합니다.

저는 양파를 듬뿍 얇게 썰어 식초와 간장, 참기름과 가쓰오부시를 뿌려 만든 양파 샐러드를 즐겨 만들어 먹습니다. 그대로 먹어도 좋고 낫토(일본식 청국장. 우리나라에서 시판하는 일제 낫토나 집에서 만든 생청국장으로 대체해도 된다 - 옮긴이)를 넣어도 일품입니다. 양파 샐러드로 간편하게 디톡스 파워를 섭취할 수 있습니다.

몸에 해로운 것은 먹지 않는 게 좋지만 어쩔 수 없이 섭취하게 되었다면 몸이 좋아하는 재료를 사용해 디톡스를 하면 좋겠지요.

디톡스 식품으로 장을 상쾌하게 하자!

27

채소, 버섯, 해초를 많이 먹는다

♦ ♦ ♦

체내 독소의 약 75퍼센트는 대변으로 배출됩니다. 그러므로 배변 활동이 원활하지 않을 때 식물성 섬유질이 많은 음식을 먹으면 변비가 해결되는 것은 물론 디톡스 효과도 볼 수 있습니다.

토마토와 브로콜리 등의 채소, 사과와 파인애플 등의 과일, 우엉과 고구마 등의 근채류, 표고버섯과 느타리버섯 등의 버섯류, 콩과 팥 등의 두류, 톳과 미역 등의 해조류는 식물성 섬유질 뿐 아니라 비타민과 미네랄도 풍부합니다. 이처럼 식물성 섬유질이 풍부한 음식을 의식적으로 먹으면 배변 활동이 원활해질 뿐 아니라 기운이 솟아납니다!

'힘'이나 '기운'을 얻으려면 육류를 섭취해야 한다고 생각하는 분이 많습니다. 그러나 60년 전만 해도 매일 육류, 생선, 달걀, 유제품을 먹는 사람은 거의 없었습니다. 그래도 건강하고 활기차게 일했습니다. 동물성 단백질에 집착하지 않아도 식사를 통해 우리에게 필요한 단백질을 충분히 섭취할 수 있습니다.

오히려 단백질과 지방질을 분해하려면 몸의 효소를 다량 사용해야 하므로 소화시간이 오래 걸려 위장이 피로해지기 쉽습니다. '포만감이 오래간다'는 말은 사실 그만큼 위장에 부담을 준다는 의미입니다.

명상을 하는 사람 중에는 '동물성 음식을 먹으면 피가 탁해진다. 식물성 음식은 피를 맑게 하고 직감이 되살아난다'는 이유로 채식을 고집하는 사람들이 많습니다. 이들처럼 완벽한 채식주의자로 살기는 힘들지만 가능한 한 채소 중심의 식단을 실천해 봅시다. 속이 한결 편안해지고 몸에서 독소가 배출되며 영적인 힘도 고양된답니다!

채소를 많이 먹고
영적인 힘을 기르자!

28

재료 자체의 맛을 즐긴다

◆◆◆

'단 음식을 먹으면 피곤이 가신다'는 말을 자주 듣습니다. 그래서인지 일을 하다 지칠 때 초콜릿이나 사탕을 먹는 사람들이 많습니다. 단 음식을 먹으면 혈당치가 올라가 그 순간에는 긴장과 피로가 풀리는 듯합니다. 그러나 실제로는 당분이 대사될 때 몸의 원기를 지탱하는 비타민 B_1과 불안, 초조, 짜증 등을 억제하는 칼슘도 함께 대사되므로 더 피로해집니다.

크림을 듬뿍 얹은 케이크와 비계가 많은 불고기, 버터를 잔뜩 넣는 소테 등 기름지고 감칠맛 나는 음식에는 대부분 지방이 다량 함유돼 있습니다. 지방이 많은 음식이 확실히 맛은 좋지만 지방을 소화시키려면 오랜 시간이 걸려 위장이 피로해지기 마련입니다. 누구나 튀김을 먹고 위가 묵직했던 경험이 있을 겁니다.

자신을 정화하고 싶으면 단 음식과 기름진 음식은 삼가도록 합시다. 그러면 몸이 느끼는 부담이 상당히 줄어들게 됩니다.

매일 초콜릿을 먹었다면 사흘에 한 번으로 횟수를 줄여 봅시다. 단 음식이 먹고 싶으면 과일이나 흑설탕(여기서 말하는 흑설탕은 정제하지 않은 천연 미네랄이 풍부한 오키나와산 흑설탕을 말한다 - 옮긴이), 벌꿀처럼 자연에 가까운 음식을 먹습니다. 요리를 할 때도 튀기거나 볶는 대신 찌거나 조리는 등 재료의 맛을 살린 조리법으로 대체합니다. 그러면 미각이 예민해져 단 음식이 덜 당기거나 기름진 요리를 꺼리게 됩니다.

더불어 저절로 다이어트가 돼 날씬한 몸매로 거듭나게 된 답니다!

재료 자체의 맛을 즐기면
다이어트에 도움이 된다!

29

카레를 먹는다

◆ ◆ ◆

향신료도 몸을 정화하는 작용을 합니다. 매운맛은 소화액 분비를 촉진하고 해독을 담당하는 간의 활동을 도와 혈액순환을 원활하게 합니다. 또 요리 맛도 돋웁니다!

- 생강: 몸을 따뜻하게 하며 발열, 이뇨, 배변 작용이 뛰어나다. 위장 장애에 효과가 있다. 생강차는 잘 알려진 디톡스 음료다.
- 심황: 심황은 터메릭(turmeric)이라고도 하며 간의 해독 작용을 도와주고 이뇨 작용을 도와 유해물질 배출을 촉진한다. 항균 작용도 하여 콜레스테롤을 줄여 준다. 주로 인도 요리에 사용한다.
- 고춧가루: 캡사이신(capsaicin)이 지방을 연소시켜 혈액순환을 도우며 신진대사를 촉진한다. 또 위장 운동을 활발하게 하여 소화를 돕는다.

• 마늘: 면역 효과가 뛰어나며 노화를 방지하고 살균 작용이 탁월한 알리신이 풍부하다. 신진대사를 촉진하고 피로 회복에 좋다.

이러한 향신료를 요리에 넣으면 디톡스 효과를 기대할 수 있습니다. 이들 향신료를 한번에 섭취하는 음식으로는 '카레'가 최고입니다! 수입식품 코너에 가면 몇 가지 향신료가 포함된 카레가 있는데 이런 제품을 사용하면 독특한 맛을 즐길 수 있습니다. 시판 카레가루나 고형 카레에 디톡스 향신료를 첨가해 '스페셜 디톡스 카레'를 만들어 먹는 것도 좋은 방법입니다.

한 달에 한 번 뻘뻘 땀을 흘리며 매콤한 카레를 먹는 건 어떨까요?

향신료를 이용해
맛있게 디톡스하자!

30

허브티를 마신다

♦ ♦ ♦

커피, 홍차, 녹차, 우롱차 등 대부분의 차에는 자극적인 성분
인 카페인이 들어 있습니다. 카페인은 머리를 맑게 하고 집중
력을 높여 주는 각성 효과가 있지만, 혈관을 수축시키고 중독
성이 있어 습관적으로 커피를 마시던 사람이 커피를 끊으면
두통과 불안을 느끼기도 합니다.

이와 달리 허브티는 몸에 어떤 부담도 주지 않습니다. 게
다가 허브에는 다양한 디톡스 효과가 있습니다. 디톡스 효과
가 있는 허브를 몇 가지 소개합니다.

- 주니퍼: 이뇨 작용을 촉진해 부기와 변비에 효과가 있다.
- 로즈메리: 항균 작용이 뛰어나며 혈액순환을 촉진한다.
- 페퍼민트: 살균 작용을 하고 소화를 돕는다.
- 히비스커스: 디톡스 효과가 있는 비타민 C가 풍부하며
  이뇨 작용을 한다.

- 서양민들레 : 칼륨과 비타민이 피를 맑게 하고, 이뇨 작용을 한다.
- 쐐기풀(네틀, nettle) : 항알레르기 효과가 있으며 미네랄이 풍부해 강장 작용을 한다.
- 로즈힙 : 비타민 C가 풍부해 피로를 회복시켜 준다.
- 펜넬 : 독소를 배출하고 식욕을 억제하는 작용을 한다.

이 외에도 다양한 디톡스 작용을 하는 허브들이 있습니다. 한 가지 허브로 만든 허브티뿐 아니라 여러 가지 허브를 섞은 허브티도 시판되고 있습니다. 달콤한 차를 좋아하면 '스테비아'를 섞어서 마시면 좋습니다. 스테비아는 칼로리가 없으며 자연스러운 단맛을 더해 줍니다. 유럽에서는 예로부터 허브를 '약'으로 사용했습니다.

저는 인터넷 쇼핑몰에서 허브를 대량 구입해 취향대로 섞어 손님께 대접하기도 합니다. 이것저것 조합해 보는 즐거움도 허브티를 즐기는 재미랍니다!

허브티로
내 몸을 맑게 하자!

31

꼭꼭 씹어 먹는다

♦♦♦

디톡스 효과가 있는 음식을 먹는 것도 좋지만 정화의 기본은 '안으로 들이지 않기'입니다.

현대인은 너무 많이 먹습니다. 현대인은 소비 칼로리보다 섭취 칼로리가 많기 때문에 다이어트가 필요합니다. 불필요한 지방이 몸에 축적되면 소화기관에도 무리가 갑니다.

일본의 대표적 장수지역인 오키나와에서는 건강하게 오래 살고 싶으면 '뱃속의 80퍼센트만 채워라'라는 격언이 전해옵니다. 배가 가득 차기 전에 식사를 끝내고 가벼운 공복감을 느낄 때 식사를 마치는 것이 몸을 가볍게 하고 두뇌의 노화를 막는 장수 비결이라고 합니다.

먹는 즐거움을 도저히 끊을 수 없다면 지금까지의 80퍼센트 정도만 먹도록 합니다. 그리고 꼭꼭 씹어 먹습니다. 우리 뇌는 식사를 시작하고 15분이 지나야 포만감을 느끼기 시작합니다. 그전에 식사를 마치면 이것저것 먹고 싶게 마련입니다.

그러므로 한 입에 30~50번 정도 씹어서 먹는 속도를 늦추면 과식을 예방할 수 있습니다. 꼭꼭 씹은 음식이 침과 섞이면 소화 흡수율이 높아집니다. 뿐만 아니라 음식에 포함된 농약과 중금속 등이 분해되어 디톡스 효과까지 얻을 수 있습니다.

그뿐 아닙니다. 치과에서 들은 이야기인데 턱을 움직여 꼭꼭 씹는 습관은 뇌에 자극을 준다고 합니다. 그래서 틀니 대신 잘 관리한 자신의 치아를 잘 보존해 마음껏 씹어 먹는 노인은 치매에 걸릴 확률이 낮다고 합니다.

면역력을 높여 건강해지는 비결은 '꼭꼭 씹어 먹기'와 '많이 웃기'입니다. 다소 부족하다 싶은 양의 음식을 꼭꼭 씹어 먹고 건강하게 오래오래 삽시다!

꼭꼭 씹어 먹기는
건강과 장수의 비결!

32

거친 수건이나 스펀지로
몸을 문지른다

♦ ♦ ♦

몇 년 전 어느 건강 강좌에 갔을 때의 일입니다. 저는 강사에게 시선을 빼앗겼습니다. 강사는 쉰일곱 살로 몸매가 드러나는 레깅스 차림이었는데, 몸은 보기 좋게 탄력을 유지하고 피부는 매끈매끈했습니다! 그 강사가 추천한 방법이 바로 '마찰 건강법'입니다.

저는 "일단 한번 해 보세요"라는 강사의 권유에 따르기로 결심했습니다!

방법은 간단합니다. 심장을 향해 몸의 각 부위를 20~40회 문지르면 됩니다. 마른 목욕용 때수건(처음에는 부드러운 소재가 좋습니다)을 사용해 발바닥→발가락→다리, 손바닥→팔, 등, 가슴, 목…… 차례로 아프지 않고 기분좋을 정도로 문지릅니다.

처음 사흘간은 약간 따끔거렸는데 이는 묵은 각질이 떨어져 나가기 때문이었습니다. 시간이 지나면 피부가 하얗게 됩니다. 그리고 닷새 정도 지나면 피부의 신진대사가 활발해져

한 꺼풀 벗긴 것처럼 매끈하고 탄력 있는 피부로 거듭납니다!

게다가 혈액순환과 림프액의 흐름이 원활해져 면역력이 향상되기 때문에 감기에 잘 걸리지 않으며, 냉증이 낫고, 배변 활동이 활발해져 변비의 고통에서도 해방됩니다. 아픈 관절 주위를 정성스럽게 문지르면 그 주변의 혈액순환이 촉진되어 관절의 통증이 완화되는 효과도 있습니다.

기분좋은 자극은 우울한 마음을 날려 버리고, 마사지를 끝낸 후의 후끈후끈한 느낌은 긴장을 풀어 줍니다. 물론 노화를 방지하고 젊음을 되찾는 효과도 있습니다. 즉각 나타나는 개운함과 상쾌함은 최고랍니다.

'마찰 건강법', 강력히 추천합니다!

마른 수건으로
탱탱하고 매끈한 피부를 만들자!

33

비뚤어진 얼굴을 교정한다

♦♦♦

'교정'은 아름답고 건강한 몸을 만들 때 빼놓을 수 없는 요소입니다. 몸의 뒤틀림이나 변형은 하루아침에 일어나지 않습니다. 얼굴과 몸의 불균형은 오랜 세월 축적된 '습관'이 원인인 경우가 많습니다.

저는 예전에 여권용 사진을 찍고는 깜짝 놀랐습니다. 왜냐하면 콧대가 눈에 띄게 오른쪽으로 기울어 있었기 때문입니다! 그 무렵 구강외과 의사인 니시하라 가쓰나리 박사의 책을 읽고 비뚤어진 얼굴의 원인이 '한쪽으로 씹기', '옆으로 누워 자기', '입으로 숨쉬기' 등임을 알게 되었습니다.

한쪽으로만 씹는 습관은 한쪽 근육만 발달시켜 자주 씹는 쪽으로 콧대가 기울어집니다. 옆으로 누워서 자거나 엎드려 자는 습관이 들면 체중이 아래로 쏠려 두개골이 한쪽으로만 압박을 받습니다. 그리고 항상 입을 벌리고 호흡을 하면 근육이 늘어져 얼굴의 탄력이 없어집니다!

저는 그때까지 무의식적으로 오른쪽 이만 사용하거나 옆으로 누워 자곤 했습니다. 그 이후로는 왼쪽 이로 씹고 잘 때도 바로 누워서 자는 등 의식적으로 노력했더니 비뚤어진 얼굴이 어느새 제자리를 찾았습니다!

얼굴이 눈에 띄게 뒤틀린 분에게 "혹시 이쪽에 충치가 있어서 반대쪽 이로 씹지 않으세요?"라고 물어 보면 "그렇다"라고 대답하는 경우가 많았습니다.

곧은 몸도 변형된 몸도 습관의 결과물입니다. 습관을 정화하고 몸을 바르게 교정합시다!

비뚤어진 얼굴을 교정해
자신감을 되찾자!

34

목욕물에 천연소금을 넣는다

◆ ◆ ◆

매일 하는 정화 활동 중 빠뜨리지 말아야 할 것이 제대로 씻는 일입니다. 영성 카운슬러인 에하라 히로유키는 모공이 열리면 마음의 더러움까지 밖으로 배출된다고 말합니다.

일주일에 한 번 반신욕을 합시다. 명치 아래까지만 물에 담그면 오랜 동안 즐길 수 있습니다. 하반신에서 데워진 피가 상반신으로 순환해 몸을 따뜻하게 해 땀을 흠뻑 흘리게 됩니다.

욕조에 들어가면 수압이 림프액의 흐름을 촉진해 신진대사가 원활해지고 노폐물이 빠져나갑니다. 욕조에 천연소금을 한 줌 넣으면 바다가 가진 정화의 힘도 얻을 수 있습니다. 정화를 돕는 아로마오일인 로즈메리나 주니퍼를 두세 방울 넣어도 좋습니다(임신 중인 사람은 로즈메리 등 허브 에센스를 사용할 때 주의해야 한다. 일부 허브 에센스는 태아에게 흡수되기 때문에 의사의 지시나 특별한 주의를 요한다 - 옮긴이).

몸이 뻐근할 때는 소금으로 몸을 씻어 봅시다. 비누로 씻은 다음이나 씻기 전이라도 관계없습니다. 소금으로 다리와 손, 그리고 손가락, 발가락 등을 정성 들여 문지릅니다. 손 힘으로 몸 구석구석을 치료함과 동시에 소금이 몸도 영혼도 정화해 줍니다. 소금의 각질 제거 효과와 미네랄 성분 덕분에 피부가 매끈매끈해집니다.

목욕물에 청주 한 잔을 넣으면 강력한 해독 작용을 합니다. 천연수인 온천에서 하는 목욕도 좋습니다. 온천에 몸을 담그면 대지가 가진 정화의 힘과 에너지로 몸이 개운해지고 활력을 되찾을 겁니다.

마지막으로 냉수로 샤워를 해 모공을 수축시킵니다. 냉수 샤워는 불필요한 외부 에너지의 재흡수를 방지해 줍니다.

올바른 목욕으로 몸도 마음도 영혼도 깨끗하게 정화합시다!

목욕은 빼놓을 수 없는
정화의 시간!

35

땀을 흠뻑 흘린다

◆ ◆ ◆

땀이라면 더울 때 흘리는 것을 생각하기 쉬운데, 우리 몸의 정화와 관련된 땀은 피하조직의 유해물질을 배출시키는 조건을 갖춘 상태에서 나는 땀입니다.

디톡스와 관련, 효과적인 땀 배출법은 게르마늄 온욕과 암반욕이 있습니다. 천연석인 게르마늄과 실리카블랙이 방출하는 마이너스 이온과 원적외선을 피부로 흡수하면 땀을 흠뻑 흘리게 됩니다. 이때 나오는 상쾌한 땀은 체내의 불필요한 지방, 노폐물, 유해 독소 등을 체외로 배출해 줍니다.

게르마늄 사우나나 찜질방에서 자는 것만으로는 성에 차지 않는 분은 운동을 해도 좋습니다. 수영과 조깅, 테니스, 헬스 등 좋아하는 운동을 해 봅시다. 운동으로 근육을 움직이면 몸의 수축과 이완을 뚜렷이 느낄 수 있습니다. 운동을 꾸준히 계속하면 몸이 유연해지고 전에는 하지 못하던 어려운 동작도 점차 할 수 있게 되어 성취감을 맛볼 수 있습니다.

시간이 없는 분은 30분에서 1시간가량의 프로그램으로 구성된 운동 DVD를 활용하면 편리합니다. 일부러 밖에 나가지 않아도 텔레비전을 보는 대신 마음 내킬 때 집에서 손쉽게 할 수 있습니다. 저는 DVD 운동을 일주일에 2번 정도 하는데 끝내고 나면 상당히 뿌듯합니다!

운동을 할 때 중요한 점은 무리하지 않는 것입니다. 힘들다고 생각하면 점점 하기 싫어집니다. 다소 힘들지만 상쾌한 기분이 들 정도로 운동을 하면 꾸준히 지속할 수 있답니다!

땀을 흘리면
몸 속의 불필요한 찌꺼기가 배출된다!

36

실컷 운다

◆◆◆

눈물도 정화에 매우 효과가 있습니다.

기쁨의 눈물도 슬픔의 눈물도 정화 작용을 합니다. 실컷 울고 나면 왠지 마음이 후련해집니다. 그 이유는 눈물과 함께 프로락틴과 부신피질자극호르몬이 스트레스에 반응해 긴장이나 면역에 작용하는 물질이 배출되기 때문입니다. 또 류신, 엔케팔린이라는 스트레스를 완화시키는 물질도 함께 분비됩니다.

젊은 여성에게 텔레비전 드라마를 보여 주고 뇌파의 변화를 관찰했는데, 드라마의 클라이맥스 때 눈물을 흘린 순간 스트레스를 나타내는 뇌파가 단숨에 저하됐다는 결과가 나와 있습니다. 이처럼 눈물은 몸에도 뇌파에도 좋은 영향을 끼칩니다.

우울할 때 슬픈 소설이나 영화를 보고 마음껏 울면 몸 속의 스트레스 성분이 씻겨 나갑니다.

'눈물 급소'는 사람마다 다르지만 소설이라면 대니얼 키

스의 『엘저넌에게 꽃을』, 미우라 아야코의 소설 등이 감동을 주는 명작으로 알려져 있습니다. 영화는 〈타이타닉〉, 〈뉴 시네마천국〉, 〈인생은 아름다워〉 등을 추천합니다. 이 영화들은 이미 전 세계적으로 많은 사람들을 눈물의 소용돌이에 빠뜨린 것으로 유명합니다. 애니메이션 중에는 〈반딧불의 묘〉, 〈폭풍우 치는 밤에〉가 가슴을 먹먹하게 합니다!

한 가지 주의할 점은 울 때 눈꺼풀을 비비면 안 됩니다. 충혈된 눈꺼풀의 모세혈관이 자극을 받아 염증을 일으키면 다음 날 눈이 퉁퉁 붓습니다. 눈물은 우아하게 손수건으로 살짝 찍어냅시다!

눈물과 함께
스트레스 성분도 씻겨 나간다!

37

깨끗한 피부로 가꾼다

♦ ♦ ♦

피부의 잡티는 여성의 골칫거리입니다.

깨끗한 피부는 생기발랄하고 젊어 보이지만, 잡티가 있고 늘어진 피부는 나이보다 더 늙어 보이게 합니다. 저는 피부 관리 일도 겸하고 있어서 여러사람들의 피부를 만지거나 볼 기회가 많은데, 피부만 봐도 그 사람의 과거를 대충 짐작할 수 있답니다.

클렌징을 꼼꼼히 하지 않거나 제대로 손질하지 않아 각질이 쌓이면 잡티가 많아지고 피붓결도 부석부석해집니다. 그러면 모처럼 비싼 화장품을 발라도 피부 안까지 닿기 전에 각질에 흡수됩니다.

일주일에 한 번은 욕조에 몸을 담그고 수증기를 쐬어 모공이 충분히 열리게 하여 노폐물을 배출시킵니다. 수증기를 쐬면 각질도 부드러워집니다.

세안에 사용하는 물은 체온보다 약간 낮은 30도가 적당합니다. 너무 뜨거우면 피지가 제거되어 피부가 건조해집니다. 또 각질 제거 효과가 있는 세안제를 듬뿍 사용해 충분히 거품을 냅니다. 거품을 얼굴에 얹는 느낌으로 문지르고 숨을 천천히 내쉬며 피부 위에서 손가락을 가볍게 굴려 얼굴 전체를 꼼꼼하게 어루만집니다. 10~20회 정도 마사지를 하고 찬물로 헹궈 모공을 수축시킵니다. 진흙이나 황토, 엽록소 등이 포함된 각질 제거 팩을 사용해도 좋습니다.

마사지는 얼굴의 림프액 흐름을 촉진해 얼굴의 부기를 빼주고 피부색을 맑게 합니다! 자세한 마사지법은 다음 페이지를 참고해 주세요.

피부가 깨끗하면
마음도 빛난다!

각질 제거 효과가 있는 세안제를
손바닥에 듬뿍 묻혀 거품을 충분히 낸다.

숨을 천천히 내쉬며 피부 위에서
손가락을 가볍게 굴려 얼굴 전체를
꼼꼼히 어루만진다.

10~20회 정도 문지르고 찬물로 헹궈
모공을 수축시킨다.

얼굴에 마사지 크림이나 마사지 젤을 바르고 가운뎃손가락과 집게손가락을
미끄러지듯 움직여 림프액의 흐름을 촉진한다. 이때 귀 아래 림프샘, 턱 아래
림프샘, 쇄골 림프샘을 가볍게 지압한다.

귀 아래 림프샘

턱 아래 림프샘

쇄골 림프샘

1. 이마에서 미끄러지듯 쇄골 쪽으로

2. 눈 주위를 돌아 쇄골 쪽으로

3. 콧방울 옆에서 턱 아래 움푹 들어간 곳으로

4. 목선에서 쇄골로

38

손과 귀의 경혈을 지압한다

◆ ◆ ◆

중국 전통의학에서는 우리 몸에 12개의 경락이 있는데 경락 위에 있는 365개의 경혈을 자극하면 심신의 부조화가 치유된 다고 믿습니다. 경혈을 눌렀을 때 아픈 것은 경락의 흐름이 좋지 않기 때문이며 뜸이나 침, 지압 등으로 경혈을 자극해 아픈 부분을 활성화하면 기의 흐름이 좋아져 몸이 건강해진다고 합니다. 저는 중국인 선생님께 체형 교정을 배웠는데, 실제로 경혈 자극으로 통증이 한결 완화된 적이 몇 차례 있습니다. 그래서 경혈 지압의 효과를 잘 알고 있습니다.

통증이 심하면 전문가의 도움을 받는 게 좋지만 증상이 가벼우면 스스로 손과 귀의 경혈을 자극해도 한결 개운해집니다. 두통, 어깨 결림은 귀 경혈을 자극하면 효과가 있습니다. 경혈의 정확한 위치를 몰라도 괜찮습니다. 귀 전체를 골고루 자극하면 됩니다. 우선 손바닥으로 귀를 귓불에서 앞·위·가운데·아래로 누릅니다. 그런 다음 귀를 잡고 위에서 아래로 비틀어 줍니다. 집게손가락과 엄지손가락으로 위에서부터 약간 세게 문지르고 마지막으로 귓불을 힘주어 잡아당긴 다음 바로 손가락을 뗍니다. 머리가 가벼워지지 않나요?

귀만 해도 110개의 경혈이 있다고 합니다. 귀는 '인체의 축소도'로 귀를 만지면 온몸을 고루 자극하는 효과가 있다고 합니다. 생각날 때마다 귀를 자극하면 건강을 증진하는 데 도움이 됩니다.

손에도 경혈이 많습니다. 알아 두면 좋은 곳은 '합곡'입니다. 합곡은 엄지손가락과 집게손가락을 벌리고 그 사이를 누를 때 가장 아프게 느껴지는 곳입니다. 합곡은 머리에 해당하는 부분으로 두통과 치통이 있거나, 불안하거나 초조할 때 집게손가락과 엄지손가락 사이에 손바닥을 끼우듯 해서 누르면 효과가 있습니다. 대장 활동을 촉진하므로 변비가 있는 분은 화장실에서 이 부분을 자극해 주세요. 기분좋게 아플 정도로 눌러 주면 한결 개운해질 겁니다!

손과 귀의 경혈을 자극하면
기의 흐름이 좋아진다!

39

발의 경혈을 주물러
내장을 이완시킨다

♦ ♦ ♦

발 반사요법(Foot reflexology therapy)은 전신에 대응하는 발바닥의
경혈을 자극함으로써 내장의 불균형이 치유된다고 믿는 자연
요법입니다.

저는 발 반사요법 전문가 과정을 이수했습니다. 발바닥을
자극하면 온몸의 혈액순환이 촉진되어 긴장이 이완되고 림프
액의 흐름이 원활해져 부기가 가라앉습니다. 퉁퉁 부었던 발
이 발 마사지를 받은 후에 구두에 쑥 들어갈 정도로 부기가 빠
져 마사지를 받은 분들은 모두 깜짝 놀라곤 한답니다.

또 발가락은 수많은 경락의 출발점이자 종착점으로 발가
락의 경혈을 자극하면 몸의 기능이 향상됩니다. 전문가의 손
을 빌리면 효과가 더 크지만 직접 해도 효과를 볼 수 있을 겁니
다. 가능한 한 매일 스스로 발을 마사지하는 습관을 기르도록
합시다.

제가 추천하고 싶은 방법은 욕조 안에서 하는 발 마사지

입니다. 욕조에 몸을 담그고 다리를 구부려 발을 몸 쪽으로 당깁니다. 그리고 발가락 옆을 집게손가락과 엄지손가락으로 발톱 옆, 발톱 가운데, 발톱 뿌리 순서로 누른 뒤 발가락과 발가락 사이를 지압합니다. 그 다음에 발가락 사이에 손가락을 넣어 악수하듯 지압합니다. 이렇게만 해도 경혈을 자극하는 효과가 상당합니다.

그리고 발가락 사이에 악수하듯 손가락을 끼운 채 다른 한 손의 엄지손가락으로 발바닥을 구석구석 누르고 나머지 네 손가락을 세워 발등의 뼈와 뼈 사이를 누릅니다. 그리고 종아리를 손바닥 전체로 감싸 삼음교, 족삼리, 음릉천, 승산을 누른 뒤 마사지를 마칩니다. 양발에 넉넉잡아 5분만 투자해도 전신이 개운해질 겁니다.

저는 자기 전에 침대에서도 하는데 그 덕인지 매일 밤 숙면을 취한답니다!

발바닥을 마사지하면
내장의 긴장이 풀린다!

1. 욕조에 몸을 담그고 다리를 구부려 발을 몸 쪽으로 끌어당긴다.

2. 집게손가락과 엄지손가락으로 발톱 옆, 발톱 가운데, 발톱 뿌리 순서로 누른 뒤 발가락과 발가락 사이를 지압한다.

3. 발가락 사이에 손가락을 넣어 악수하듯 잡는다. 여기까지만 해도 경혈에 상당한 자극이 된다.

4. 악수하듯 발가락에 손가락을 낀 채 다른 한 손의 엄지손가락으로 발바닥을 구석구석 누르고, 나머지 네 손가락을 세워 발등의 뼈와 뼈 사이를 누른다.

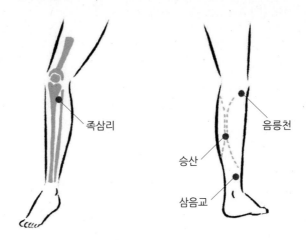

삼음교 : 복사뼈 위에서 약 9센티미터 올라간 곳으로 누르면 아프다. 생리통, 냉증 등 부인과 질환에 빠지지 않는 혈이다.

족삼리 : 무릎 아래 약간 바깥쪽에 위치한 곳으로 손으로 누르면 아프다. 위 운동을 촉진하고 생명 에너지를 회복시켜 주는 혈이다.

음릉천 : 정강이뼈 안쪽의 우묵한 부분 중 제일 위. 부은 다리에 효과적이다. 설사와 나른함에도 효과가 있다.

승산 : 오금에서 가로로 그은 금의 가운데에서 약 24센티미터 아래에 위치하며 근육의 경계면에 있다. 다리의 부기를 빼고 다리가 가늘어지게 한다. 다리가 쑤시거나 무릎이 아플 때도 효과적이다.

40

스트레칭으로
어깨 결림을 풀어 준다

◆◆◆

많은 사람들이 대부분 어깨 결림으로 고생합니다. 사무직 종사자들은 컴퓨터 사용 시간이 길어 고양이처럼 등이 굽거나 머리 무게를 목과 어깨만으로 지탱해야 하기 때문에 어깨가 자주 결립니다. 또 스트레스가 쌓여 몸에 지나치게 힘이 들어가도 어깨가 결립니다.

어깨 결림과 통증의 원인은 근육에 쌓인 '젖산'이라는 피로물질 때문입니다. 젖산은 산소로 분해되는데, 근육에 산소를 운반하는 주체는 혈액입니다. 그러므로 어깨를 주무르거나 온찜질 또는 운동으로 혈액순환을 개선하면 뭉친 근육이 풀려한결 개운해집니다.

스트레칭은 근무 중 어깨 결림을 해소할 수 있는 효과적인 방법입니다. 한동안 같은 자세로 있었다면 스트레칭을 합니다. 양어깨를 힘껏 위로 들어 올리고 3초를 센 뒤 등 뒤의 견갑골과 견갑골이 닿을 정도로 어깨를 좁혀 3초를 세고 어깨를 털썩 떨어트립니다. 이 과정을 3~4회 반복합니다. 다음엔 손을 맞잡고 안팎으로 뒤집어 가며 힘껏 뻗습니다. 말초혈관까지 혈액이 순환되면 어깨로 가는 피의 흐름이 좋아져 어깨 결림이 풀립니다.

　또 휴식 시간을 이용해 화장실 등에서 틈틈이 몸을 움직입니다. 뭉친 어깨가 풀릴 뿐 아니라 머리도 맑아져 업무 능률이 올라갈 겁니다!

1. 다리를 살짝 벌리고 서서 등 뒤로 깍지를 끼고 견갑골과 견갑골이 닿을 정도로 가슴을 편다.

2. 그대로 고개를 숙이고 가슴을 가능한 한 앞으로 내민다. 종아리 뒤, 어깨, 허리가 시원해질 때까지 뻗는다. 이 운동을 하면 등의 군살도 사라진다!

뭉친 어깨가 풀리면
업무 능률도 향상된다!

41

굳은 몸을 마사지로 풀어 준다

◆◆◆

바쁜 업무와 생활에 쫓겨 몸을 소홀히 한 경험은 없나요? 몸은 우리에게 주어진 둘도 없이 소중한 것입니다. 정성스럽게 보살피면 그에 보답해 주는, 세상에 단 하나뿐인 나만의 소중한 '탈것'입니다.

우리도 모르는 사이에 몸에는 갖은 노폐물과 피로물질이 응어리처럼 쌓입니다. 이따금 마사지를 받으러 가서 몸의 피로를 풀어 줍시다!

다양한 마사지법이 있지만 저는 특히 아로마오일 마사지를 추천합니다. 아로마오일 마사지는 근육을 움직여 수동적이지만 운동 효과가 있으며, 근육 내 피로물질이 배출되는 것을 도와줍니다. 또 림프액의 흐름을 촉진하고 면역력을 향상시키며 불필요한 수분 배출을 촉진합니다.

아로마의 약효 성분이 이 모든 작용을 촉진해 줍니다. 무엇보다 할머니의 약손과 같은 테라피스트의 '핸드 파워'가 심신의 에너지를 고양시켜 줍니다.

피부와 뇌는 똑같이 외배엽에서 만들어졌습니다. 즉 우리가 태어나기 전 난자가 수정되어 세포 분열을 하는 외배엽에서 피부와 뇌가 만들어집니다. 따라서 피부를 마사지하면 뇌를 마사지하는 것 같은 효과가 있습니다!

마사지를 마치면 피로물질이 배출되어 다소 나른해지거나 소변 색이 진해지는데, 카페인이 없는 음료를 많이 마셔서 노폐물 배출을 촉진하면 몸이 한결 가뿐해집니다. 시간을 내 마사지를 받아 우리 몸에 듬뿍 사랑을 줍시다!

마사지는 피부와 뇌를
동시에 가꾸어 준다!

42

요가와 필라테스로 몸을 늘인다

◆ ◆ ◆

일본에서 꿈 실현 길잡이로 활동 중인 사토 덴은 "몸이 유연하면 마음도 유연해진다"라고 강조합니다. 확실히 의식이 경직돼 있으면 몸도 뻣뻣해집니다. 몸을 충분히 이완시키면 몸 구석구석의 모세혈관까지 혈액순환이 원활해져 몸이 활력을 되찾고 마음이 편안해지며 밝아집니다!

요가와 필라테스를 하면 몸이 유연해집니다. 발상지가 인도인 요가는 복식호흡을 하고 자세를 잡고 움직임을 정지하는 운동입니다. 단순한 운동이라기보다 심신 단련을 목적으로 하는 일종의 수행입니다. 필라테스는 독일에서 시작된 운동요법입니다. 요가와 마찬가지로 복식호흡을 하며, 몸을 활발하게 움직여 체형을 교정하고 근육을 단련하는 것이 목적입니다. 요가에는 다양한 효과가 있는 자세가 있습니다. 다음 페이지에 나오는 동작을 따라해 봅시다. 변비가 해소되고 몸을 유연하게 하는 자세를 몇 가지 소개합니다.

앞으로 숙이기

바닥에 앉아 숨을 내쉬며 천천히 몸을 앞으로
숙입니다. 이 상태를 10~20초 유지하고 처음
자세로 돌아옵니다.
이 동작을 꾸준히 하면 다리가 늘씬해진답니다!

두 무릎 가슴에 대기

바로 누워 숨을 내쉬며 무릎을 가슴 쪽으로
천천히 끌어당깁니다. 30~60초 동안 자연스럽게
호흡하며 이 자세를 그대로 유지하고 처음 자세로
돌아갑니다.
이 동작은 장의 가스를 제거하고 허리의 군살을
줄여 줍니다!

변형 초승달 자세

손을 마주하고 머리 위로 들어 올립니다. 숨을
내쉬며 천천히 몸을 옆으로 기울입니다. 그 자세로
10~20초 정지하고 처음 자세로 돌아갑니다.
이 동작은 허리와 팔뚝을 탄력 있게 해 줍니다!

코브라 자세

바닥에 엎드려 숨을 내쉬며 천천히 가슴을 들어
올립니다. 근육이 상쾌하게 땅기는 정도의
위치에서 멈춰 30~60초 유지하고 처음 자세로
돌아갑니다.
이 동작은 가슴을 탄력 있게 해 주는 동작입니다!

요가와 필라테스로
몸과 마음을 유연하게 하자!

43

크게 소리쳐 스트레스를 발산한다

◆ ◆ ◆

짜증이 치밀어 올라 고래고래 소리를 지르고 싶었던 적이 없나요? 소리를 지르고 싶다는 건 매우 자연스러운 몸의 자정작용입니다.

크게 소리치면 자연스럽게 깊은 호흡을 하게 되므로 산소를 듬뿍 받아들입니다. 짜증이 나면 얕은 호흡을 해 뇌에 산소가 부족해지기 쉽습니다.

게다가 크게 소리치면 자연스럽게 심호흡을 하게 됩니다. 느린 호흡은 부교감신경을 자극하므로 마음이 안정됩니다.

다른 사람을 방해하지 않는 곳에 가서 쿠션에 얼굴을 파묻고 크게 소리치는 방법도 있지만, 저는 차라리 노래방에 가라고 권하고 싶습니다. 노래를 부르면 비일상적인 노래 가사가 그리는 세계로 들어가게 되어 기분이 전환됩니다. 또 평소와 다른 내가 되어 마음이 해방됩니다.

마음껏 큰 소리로 노래를 불러 봅시다. 목을 사용해 소리지르면 성대를 다치기 쉬우므로 아랫배에서 밀어 올리듯 소리를 냅니다. 복식호흡을 하면 허리 군살 제거에도 도움이 된답니다! 라이브 콘서트나 스포츠 경기장에서도 크게 소리를 지르면 기분이 고양되어 현장과 일체감을 느낄 수 있습니다.

큰 소리와 함께 자신을 해방시켜 봅시다!

크게 소리쳐
스트레스를 발산하자!

44

헌혈로 덕을 쌓는다

◆◆◆

체력에 자신이 있는 분은 헌혈에 도전해 봅니다.

저는 헌혈을 50회 이상이나 했답니다. 헌혈을 하면 확실히 당일에는 약간 체력이 달리는 듯합니다. 그러나 부족한 혈액을 보충하기 위해 몸이 활성화되어 피가 맑아진다는 말을 헌혈을 하는 간호사에게 들었습니다. 헌혈에도 디톡스 효과가 있는 모양입니다.

헌혈에는 '전혈 헌혈'과 '성분 헌혈' 두 종류가 있는데, 성분 헌혈은 혈장과 혈소판을 채취하고 적혈구 등 남은 혈액은 헌혈자에게 되돌려 주기 때문에 몸의 부담이 적습니다.

헌혈 후에는 혈액검사 결과도 알려 주므로 건강 관리에 도움이 됩니다. 또 요즘 헌혈의 집에서는 자유롭게 읽을 수 있는 책과 마실거리가 넉넉하게 갖춰져 있어 헌혈을 하며 기분 전환도 할 수 있습니다.

체력이 부족하면 어쩔 수 없지만 아프거나 귀찮아서 헌혈을 꺼렸다면 큰 마음 먹고 헌혈을 해 보는 건 어떨까요? 헌혈을 하기 전에 혈압을 재고 간단한 혈액검사를 하는데 억지로 권하지 않으니 안심하고 헌혈의 집에 가 봅시다.

환자를 치료하려면 혈액과 혈액제제가 꼭 필요합니다. 누군가의 생명을 구하기 위해서는 이 땅의 누군가가 헌혈을 해야 합니다. 그러므로 헌혈은 '덕을 쌓는' 일이기도 합니다.

내 피가 누군가의 생명을 구한다고 생각하면 무지무지 행복해진답니다!

헌혈로 피를 맑게 하고
덕도 쌓자!

45

심호흡으로 나쁜 기운을 뱉어낸다

◆◆◆

살아 있는 한 호흡은 물과 마찬가지로 없어서는 안 되는 존재입니다. 호흡은 의식하지 않아도 자연스럽게 이뤄지는 행위라서 가볍게 생각하는 사람이 많습니다. 그러나 호흡의 비밀을 깨닫게 되면 놀라운 일이 차례차례 일어납니다!

　　심호흡을 하려면 먼저 '후' 하고 배에 힘을 주고 폐를 텅 비우는 느낌으로 숨을 내쉽니다. 힘껏 내뱉고 3초간 정지하고 '하' 하고 가슴과 배에 가득 숨을 들이마십니다. 양껏 들이마셨으면 또 3초간 멈춘 뒤 숨을 내뱉습니다. 가능한 한 창을 열어 신선한 바깥 공기를 들이마십니다. 심호흡을 제대로 몇 번만 해도 촉촉하게 땀이 배어납니다. 몸 안에 산소가 가득한 혈액이 흐르면 얼굴색이 좋아지고 두뇌회전도 빨라집니다. 호흡할 때 복근을 사용하기 때문에 장 마사지 효과도 있습니다. 또 부교감신경이 자극되어 긴장을 이완하는 세로토닌 호르몬이 증가하므로 심호흡을 하고 몇 분 지나면 몸과 마음이 편안해집니다.

　인간은 불안하거나 초조할 때 얕은 호흡을 하게 됩니다. 가슴이 두근거리거나 두려움에 떨 때도 마찬가지입니다. 따라서 불안, 초조, 두려움 등을 없애는 데는 심호흡이 최고랍니다.

　마음이 불안하면 호흡에 주의를 기울여 봅시다. 호흡이 흐트러졌다면 숨을 가능한 한 길게 내쉬었다가 천천히 들이마셔 봅시다. 그러면 점점 마음이 안정됨을 실감할 수 있을 겁니다.

　'호흡'은 '내보내고' 또 '받아들이는' 것입니다. 내보내는 양이 적으면 들어오는 양도 적습니다. 불필요한 생각도 악의도 모두 내보냅시다. 그러면 새롭고 깨끗한 기운이 가득 들어오게 됩니다!

심호흡으로 나쁜 기운을 뱉어내
몸도 마음도 정화하자!

46

숙면으로 심신을 치유한다

♦ ♦ ♦

인간은 하루의 약 3분의 1을 잠으로 보냅니다. 따라서 질 좋은 수면은 몸과 마음, 그리고 영혼에 매우 중요합니다.

낮 동안 몸을 움직이면 근육이 피로해지거나 세포가 손상되기도 합니다. 밤 10시부터 새벽 2시까지는 지친 몸을 회복시키는 성장 호르몬이 활발히 분비되므로 이 시간 동안은 몸을 쉬게 하는 것이 좋습니다. 늦어도 밤 12시 전에는 잠자리에 들도록 합니다.

'미인은 잠꾸러기'라는 말처럼 충분한 수면을 취한 사람은 피부가 탱탱합니다. 또 뇌가 쉬지 않으면 세로토닌, 도파민, 아세틸콜린 등 다양한 뇌내 물질의 균형이 깨져 마음의 병을 앓게 됩니다.

일본의 영성 카운슬러인 에하라 히로유키는 잠자는 동안 우리의 영혼이 영혼의 세계로 돌아가 휴식을 취하거나 에너지를 충전한다고 주장합니다. 그래서 계시적인 꿈을 꾸거나 꿈속에서 계시나 조언을 받는 경우가 있다고 합니다. 그래서인지 인생의 전기(轉機)에는 특히 졸음이 오게 마련입니다. 또 '봄에는 잠이 많아진다'는 말처럼 환절기에 우리 몸은 더 많은 수면을 필요로 합니다. 그 시기에는 가능한 한 몸을 쉬게 합시다.

　잠자리에 들기 전에 머리와 몸이 흥분해 교감신경이 자극을 받으면 쉽사리 잠을 이루지 못합니다. 미지근한 물에 몸을 담가 긴장을 완화시키고 밝은 빛이 나오는 컴퓨터나 텔레비전을 보는 일은 피합니다. 이런저런 생각으로 머릿속이 복잡하면 천천히 심호흡을 해 봅시다. 잡념에서 벗어나 따스한 바닷물에 몸이 잠기는 장면을 상상해 보세요. 그러면 점점 긴장이 풀리고 어느새 잠들게 된답니다!

질 좋은 수면은
영혼까지 맑게 한다!

47

티베트식 체조를 한다

♦ ♦ ♦

세월이 흘러도 나이가 느껴지지 않는 신비한 매력을 내뿜는 미와 아키히로가 젊음의 비결이라고 소개해 화제가 된 방법이 있는데 바로 '티베트식 체조'입니다. 이 체조는 다섯 가지 자세와 심호흡으로 차크라(인간의 생명과 육체, 정신 작용을 조절하는 몸의 에너지 중심 ─ 옮긴이)를 단련해 몸을 활성화시킨다고 합니다. 티베트식 체조에 대한 자세한 내용은 시중에 나와 있는 관련 서적을 참고해 주세요. 다음 페이지에서는 간단한 티베트식 체조를 몇 가지 소개합니다!

티베트식 체조

제1 의식

1. 똑바로 서서 손바닥을 아래로 향하고 양팔을 평행이 되게 들어 올립니다.

2. 자연스럽게 호흡하며 시계 방향으로 돕니다.

(어지러우면 고개를 위로 들고 잠시 쉽니다.)

제2 의식

1. 손바닥을 아래로 하고 바로 눕습니다.

2. 머리를 들고 코로 숨을 들이마시며 바닥과 수직이 될 때까지 양다리를 들어 올립니다.

3. 입으로 숨을 내쉬며 천천히 다리를 내립니다.

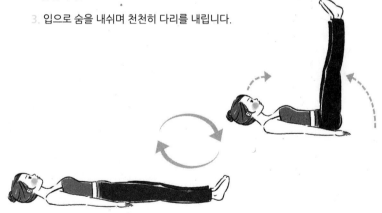

제3 의식

1. 무릎을 땅에 댄 상태에서 허리를 바로 폅니다.

2. 입으로 숨을 내쉬며 머리를 앞으로 숙이고 숨을 힘껏 내뱉습니다.

3. 코로 숨을 들이마시며 상체를 뒤로 젖힙니다.

제4 의식

1. 다리를 펴고 앉아 손바닥을 바닥에 붙입니다.

2. 입으로 숨을 내쉬며 고개를 앞으로 숙입니다.

3. 코로 숨을 들이마시며 몸이 바닥과 수평이 될 때까지 허리를 들어 올립니다.

4. 순간적으로 온몸의 근육에 힘을 준 다음 숨을 내뱉고 처음 자세로 돌아갑니다.

제5 의식

1. 배를 땅에 대고 엎드린 다음 팔로 상체를 들어 올려 허벅지까지 바닥에서 뗍니다.

2. 입으로 숨을 내쉬며 상체를 내밉니다.

3. 코로 숨을 들이마시며 허리를 들어 올려 뒤집어진 V자 자세를 만듭니다.

(주의사항 : 처음에는 한 가지 의식을 세 번씩 천천히 반복합니다. 일주일에 2회씩 횟수를 늘려 21회까지 늘려갑니다. 시간은 아침이 가장 좋습니다. 자신의 몸 상태에 맞춰 도전해 봅시다!)

티베트식 체조로
차크라를 활성화시키자!

3장
마음 정화하기

48

후회스러운 일은 글로 적는다

♦ ♦ ♦

몸이라는 '그릇'을 깨끗이 비웠다면 마음도 깨끗이 비웁시다.

우리 머리와 마음에는 의식하지 못하는 사이에 먼지가 쌓입니다. 해묵은 감정과 경험과 집착, 상식과 타인의 의견 등 먼지의 종류는 다양합니다. 사실 우리의 영혼과 마음은 순수하고 깨끗합니다. 영혼에 먼지가 쌓여 원래의 광채를 내뿜지 못하는 것입니다.

먼지를 털기 위해 먼저 잡다한 생각을 끄집어내는 일부터 시작합시다. 잡다한 생각을 끄집어내는 좋은 방법은 '종이에 적기'입니다. 머릿속이나 마음의 생각을 종이에 옮겨 적기만 해도 마음에 쌓인 먼지가 사라집니다. 또 머릿속으로 생각하면 심각하지만 종이에 적어 보면 의외로 사소한 일이라 깜짝 놀라기도 합니다.

우선 '후회스러운 일'부터 끄집어냅시다.

종이를 준비해 전부 적어 봅니다. 누군가에게 상처 준 일,

자신의 잘못으로 타인에게 폐를 끼친 일 등 모조리 적습니다. 잘못된 선택으로 원하지 않은 방향으로 흘러간 일, 손해 본 일, 하지 않았으면 좋았을 일도 떠오르는 대로 모두 적습니다.

마음속의 먼지를 닦어냅시다. 그리고 어떤 느낌이 드는지 느낌에 집중해 봅시다.

마음의 먼지를 없애려면
먼저 종이에 써야 한다!

49

마음의 상처는 종이에 쓴다

♦ ♦ ♦

후회스러운 일을 다 적어 보았다면 이번에는 '상처받았던 일'을 쓸 차례입니다.

　어린 시절로 거슬러 올라가도 좋습니다. 친구와 가족에게 마음에도 없는 말을 들었던 일, 누군가 내게 심술 부렸던 일. 내가 한 일을 인정받지 못했던 경우, 일이 잘 풀리지 않았을 때, 폭력에 시달렸던 일, 사귀던 사람이 싸늘하게 대했을 때…….

　써내려 가다 보면 마음이 아프거나 슬퍼지겠죠. 옛 일을 떠올리면 그 당시의 아픔이 되살아납니다. 그래서 우리는 그런 감정을 숨겨 버립니다. 그러나 그 감정은 마음 깊숙이 가라앉아 우리의 영혼을 점령합니다. 마음속에 앙금이 쌓이면 쌓일수록 원래의 자신은 빛을 잃고 새로운 기운도 들어오지 못합니다. 이 모든 것들을 마음껏 종이에 적어 봅시다.

　후회되는 일, 상처받은 일, '원했지만 얻지 못했던 것'도 적습니다. '그렇게 되었으면 좋았을걸' 하는 생각에 지금도 마음이 아픕니다. 그러나 그런 생각은 이미 과거입니다. 예로 든 몇 가지 항목 중에 '그때는 무척 힘들었지만 지금은 많이 나아졌어'라고 생각되는 일과 '이 일이 있었기에 이만큼 성장할 수 있었어'라고 생각되는 일이 떠오를지 모릅니다.

항목을 하나하나 점검하며 '이 일 덕분에 배운 점'을 찾아봅시다. 배울 점을 하나라도 찾았다면 후회와 상처가 치유되기 시작한 것입니다!

'나의 성장에 필요했던' 일을 떠올리면
치유가 시작된다!

50

용서할 수 없었던 일은
종이에 적어본다

◆◆◆

'용서할 수 없었던 일'도 종이에 적어 봅시다.

나는 여태 쓸모없는 인간으로 살았다, 그런 짓을 하는 사람은 주위에 방해만 된다, 그런 일이 있으니 세상은 나빠진다…… 등등 이런저런 생각을 종이에 모조리 적습니다.

'용서할 수 없다'는 마음은 우리를 짜증나게 하여 혈압이 올라가게 합니다. 용서하지 못하는 마음이 쌓이면 쌓일수록 스트레스가 늘어나 몸과 마음에 나쁜 영향을 미칩니다.

'용서할 수 없는 마음'을 조금이라도 덜고 싶어 상대방에게 까칠한 말로 분풀이를 하고 싶지만, 싸움만 될 뿐 그다지 변하는 것도 없습니다. '인과응보'라는 말처럼 자신이 한 일은 자신에게 돌아오는 법입니다. 상대방을 탓하기보다 먼저 자신의 마음을 편하게 합시다.

용서할 수 없다는 마음은 '상대방 탓'이라고 생각하기 때문에 생기는지 모릅니다. 그런 마음이 드는 것은 상대방의 탓이라기보다는 자기 자신에게 이유가 있는 경우가 대부분입니다. 여러분이 부정적인 마음을 밧줄처럼 던져 상대방을 옭아매고 있는 건지도 모릅니다. 같은 일을 겪어도 '용서할 수 있어'라고 생각하는 사람은 상대에게 밧줄을 던지지 않는 사람입니다.

눈을 감고 자신과 용서할 수 없는 상대방을 묶은 밧줄을 그려 보세요. 그리고 자신이 쥐고 있는 밧줄을 놓아 봅시다. 상대방이 풍선처럼 하늘 높이 날아가는 장면을 상상하며 심호흡을 합니다.

그러면 자신과 상대방을 묶은 부정적 에너지의 밧줄이 끊어져 마음이 가벼워집니다!

'용서'로
집착에서 벗어나자!

51

걱정거리는 글로 쓴다

◆◆◆

'걱정거리'는 우리 마음을 묵직하게 내리누릅니다.

여러분의 걱정거리는 무엇인가요? 돈 문제, 건강 문제, 가족 관계, 연인이나 배우자 문제……. 결혼할지 말지, 지금 하는 일이 잘 풀릴지 꼬일지 등, 이런저런 걱정이 꼬리를 물고 떠오를 겁니다.

과거의 일은 걱정거리가 아닙니다. 과거란 이미 움직일 수 없는 사실이기 때문입니다. 걱정거리가 될 만한 일은 앞으로 다가올 미래의 일입니다. 미래의 일이 걱정되는 이유는 '잘 되기를 바라는 마음'이 있기 때문입니다. 잘 풀리면 행복하겠지만 잘 풀리지 않으면 불행하다고 생각하기 때문입니다. 그렇지만 미래의 일은 미래가 되지 않고서는 모릅니다.

또 중요한 사실이 있습니다. '끌림의 법칙'이라는 말을 들어 보신 적이 있나요? '우리 삶은 우리가 끌어당긴 것으로 이루어지며 우리 생각에 이끌려 온 것들에 의해 삶이 결정된다.

즉 생각이 모든 것을 끌어당긴다. 미래는 우리 생각대로 일어난다' 이것이 '끌림의 법칙'의 요지이자 우주의 법칙입니다.

제가 아는 사람 중에 "앞으로 아프면 곤란하니까 저금을 해야지"라고 입버릇처럼 말하는 사람이 있었는데 병으로 입원해서 모은 돈을 전부 써 버리고 말았습니다.

걱정거리 목록을 "이렇게 되면 곤란하니까"에서 "이렇게 되었으면 좋겠다"로 바꾸어 보세요. "나는 결혼을 못할지도 몰라"는 나에게 "딱 맞는 상대가 나타날 거야"로 고쳐 봅시다. "연금을 받지 못하면 어쩌나"는 "여유로운 노후를 위한 자금이 모인다"로 고칩니다. 그런 식으로 "괜찮아, 잘 될 거야!"라고 방긋 웃으면 자신이 바라는 일이 따라오게 된답니다!

걱정거리는
'소망'으로 전환하자!

52

하고 싶지만 불가능한 일은
글로 적는다

◆ ◆ ◆

마지막으로 지금까지 하고 싶었지만 하지 못한 일을 적어 봅시다. "시간이 없어서", "돈이 드니까", "일을 해야 하니까", "재능이 없으니까", "어차피 나한테는 무리야"……. 이런저런 핑계를 대고 포기한 적은 없는지요?

마음속 소망은 그것을 실현시키고자 마음먹으면 '마음의 연료'가 되지만 포기해 버리면 실현하지 못한 자신을 책망하는 '짐'이 됩니다. 그러나 '하고 싶은 일'은 사람마다 다릅니다. 그 일을 하고 싶은 이유는 그 일이 그 사람에게 필요하기 때문입니다. 우리 마음에 깃든 꿈은 '앞으로 이루어질 미래 미리보기'입니다!

여러분이 적은 목록을 다시 한 번 살펴보세요. 목록에 있는 일들이 정말로 불가능할까요?

'고급 호텔에서 식사를 한다'는 꿈은 누군가의 결혼식에 참석하면 충분히 이룰 수 있습니다. 결혼식 축의금만으로 좋아하는 호텔에서 정찬을 즐길 수 있으니 예산이 상당히 줄어들겠지요? '나스카 지상화를 보러 간다'는 꿈은 지금 당장은 무리지만 그런 여행 상품이 있는지 찾아보기만 해도 그 꿈에 한 발짝 다가가게 됩니다. 꿈에 한 걸음씩 가까워질수록 마음이 두근거립니다. 그러면 불가사의한 힘이 함께 작용해 현실로 이루어질 가능성이 높아집니다!

감추어 둔 소망은 '마음의 짐'으로 두지 말고 '마음의 연료'로 바꾸어 갑시다. 마음의 연료는 불가능하다고 포기했던 마음을 활활 타오르게 하여 여러분이 진정으로 원하는 일을 실현시킵니다!

'하고 싶은 일'은
우리 마음에 깃든 꿈이다!

53

지나친 의무감은 없는지 점검한다

◆ ◆ ◆

불만은 자신이 원한 것을 얻지 못했기 때문에 생깁니다.

상대방이 내 뜻대로 움직여 주지 않거나 매사가 마음먹은 대로 되지 않으면 우리는 불만을 느끼게 마련입니다. 단순한 불만보다 성가신 건 어떤 일을 '해야 한다는 의무감'을 느낄 때입니다. '해야 한다'고 생각할수록 원하는 대로 상황이 풀리지 않아 불만을 느끼고 점점 분노하게 됩니다.

불만을 느낄 때 '나는 무엇을 원하는가?'라고 생각해 보세요. 그리고 '내가 무엇을 해야 한다고 생각하는가?'에 대한 답을 찾아봅니다.

배우자가 내 생일을 까맣게 잊어버리면 화가 납니다. '생일은 특별한 선물을 받는 날'이라고 생각하기 때문에, 그리고 '배우자가 선물을 주고 이벤트를 해 주어야 한다'라고 생각하기 때문에 생각할수록 점점 성질이 납니다.

또 쓰레기를 함부로 버리는 사람을 보면 화가 납니다. '공공장소는 깨끗이 사용해야 한다'고 생각하므로 '그렇게 하지 않는 사람'을 보면 불쾌감을 느낍니다. 그리고 쓰레기를 함부로 버리는 사람을 보면 "왜 상식 이하의 행동을 할까", "하나를 보면 열을 안다고 매사 칠칠치 못할 거야" 라고 투덜거리며 쓸데없이 불쾌해합니다.

　그렇지만 남에게 충고를 한다는 건 힘든 일입니다. 결국 자신의 몸과 마음만 지치게 되어 손해입니다. 먼저 자신이 의무감을 느끼는 일이 무엇인지 생각해 봅시다!

지나친 의무감을 느끼면
마음속 깊은 곳에서 그 원인을 찾아보자!

54

집착을 버린다

◆ ◆ ◆

우리를 괴롭히는 쓸데없는 의무감은 사고습관에서 기인합니다. 용서하지 못하는 마음도 옳고 그름을 따지려 하기 때문에 생깁니다.

'생일을 소중히 챙기는 건 좋은 일이고 잊어버리는 건 나쁘다', 분명 자신의 생일을 소홀히 여기면 서글프겠지요. '쓰레기를 버리면 나쁘고 버리지 않는 게 옳다', 분명 쓰레기를 버리지 않아야 쾌적하겠지요. 그러나 내가 그르다고 생각해도 '그다지 상관없는데'라고 생각하는 사람도 있습니다.

우리의 사고습관은 '선악'과 '이해득실'로 사물을 판가름하는 에고(ego)와 '이렇게 해야 한다'는 상식, '이건 이렇게 해야지'라는 경험 등에서 기인합니다.

우리가 가진 쓸데없는 의무감이라는 사고습관은 어디에서 오는지 찾아봅시다. 누군가에게 '기념일을 소중히 여기지 않는 건 관계가 식었다는 증거'라는 말을 들어서 신경이 쓰이는지도 모릅니다. 어린 시절 쓰레기를 함부로 버렸다고 야단 맞은 기억 때문에 다른 사람이 그런 행동을 하는 걸 용서할 수 없는지도 모릅니다.

그것을 깨달았다면, 그렇게까지 의무감을 느끼지 않아도 된다는 사실을 알게 되었다면…… 마음이 한결 가벼워집니다!

지나친 의무감이나 집착을
버리자!

55

'이것밖에 없다'에서 '저것도 있다'로
생각을 바꾼다

♦ ♦ ♦

지나친 의무감을 버리고 사고의 폭을 넓히면 지금까지 우리를
괴롭히던 집착에서 점점 놓여나게 됩니다.

　사고의 폭을 넓히는 비결은 '그런 사고방식도 있구나' 하
고 옳고 그름을 따지지 않고 일단 받아들이는 것입니다. 그리
고 '저것도 나름대로 일리 있는데' 하고 생각하면 조금은 사고
의 폭이 넓어집니다. 내게는 그른 일처럼 보여도 세상에는 다
양한 사람의 다양한 사고방식이 있다고 납득하면 사고의 폭이
넓어집니다. 상대방을 자신의 잣대로 보지 않고, 있는 그대로
받아들이면 엄청나게 진보할 겁니다!

　특히 결혼생활은 개성이 다른 사람과 함께 살며 서로 배
우는 것입니다. 예를 들어 '기념일에 집착하지 않아도 알콩달
콩 재미있게 살면 그만이지'라고 생각하면 좋겠지요. 쓰레기
무단 투기가 마음에 걸리는 것은 '공공장소는 깨끗이 써야 한
다'는 일종의 강박관념 때문입니다. 그러므로 남에게 화를 내

기보다 내가 주워서 쓰레기통에 넣고 '잘했어!'라고 자신을 칭찬하는 편이 심신의 건강에 훨씬 좋습니다.

　'한 어미 자식도 아롱이 다롱이'라는 말처럼 세상에는 수많은 사람이 있고 사고방식이 모두 다릅니다. 서로 다름을 인정하고 흘려버리면 '강박관념'에 얽매이지 않는 가뿐한 삶을 살 수 있답니다!

사고의 폭을 넓히면
몸과 마음이 가뿐해진다!

56

마음의 응어리는 느낌으로 푼다

◆◆◆

갖은 방법을 써도 마음이 가라앉지 않는 경우가 있습니다. 불안과 초조가 아무리 시간이 지나도 잊히기는커녕 커지는 이유는 '연상'을 하기 때문입니다.

발을 밟히면 아플 거라고 지레짐작합니다. 욱신욱신 쑤시는 통증이 가라앉기를 기다리면 몇 분도 지나지 않아 아무 일도 없었다는 듯 멀쩡해집니다. 그렇지만 '뭐야, 저 사람. 사과도 안 하네!', '왜 나만 번번이 발을 밟히지?', '내가 뭘 잘못했다고 내 발만 밟는 거야?', '오늘은 일진이 나쁜 날인가?', '그러고 보니 요즘 나쁜 일이 자주 일어나네'……. 이런 식으로 생각에 생각을 거듭하면 불쾌감이 오래 지속됩니다.

물론 '이건 일종의 계시일지 몰라'라고 의미를 부여하거나 '전생에 누군가에게 상처 준 업보를 푸는 건지도 몰라'라고 긍정적으로 받아들이는 사람도 있을 겁니다.

'생각'은 인간의 특권입니다. 그러나 생각으로 머리를 가득 채우면 직감을 받아들이기 힘들고, 번뜩이는 아이디어도 떠오르지 않습니다.

영적인 메시지를 많이 남긴 미쓰루 고이치는 머리를 맑게 하려면 자신의 '감정에 충실하라'고 권합니다.

불안하고 이유 없이 짜증이 나거나 마음이 울적할 때 부정하거나 긍정하거나 의미도 부여하지 않은 채 그저 느낍니다. 생각을 멈추고 '심장이 쿵쿵 뛴다', '호흡이 빨라지네', '미간에 주름이 생겼어' 등 몸 상태와 '내가 지금 안절부절못하고 있네'와 같은, 자신의 감각에만 집중합니다. 그러면 좀처럼 사라지지 않던 생각이 5분도 지나지 않아 마음에서 점점 지워질 겁니다!

한번 시험해 보세요. 이때 심호흡을 하면 효과가 한층 크답니다!

'생각'을 중단하고 '감각'에 집중하면
부정적인 에너지가 사라진다!

57

마음속 응어리를 풀어낸다

◆ ◆ ◆

그래도 불안, 초조, 짜증이 사라지지 않을 때가 있습니다. 분노와 공포, 괴로움과 슬픔 등 다양한 감정과 생각이 섞여 있기 때문입니다.

사람들과 이야기를 나누다 보면 부모님을 용서하지 못하겠다고 털어놓는 분이 상당히 많아 깜짝 놀라곤 합니다. 하고 싶은 일을 못 하게 했다거나 자신을 인정해 주지 않았다는 분부터 가정폭력을 겪었다는 분까지 그 원인은 실로 다양합니다. 그중에는 돌아가신 부모님을 용서하지 못하는 탓에 '결혼'과 '자녀 양육'에 불안을 느껴 독신을 고집하는 분도 있었습니다.

지금이라도 고백하고 화해할 수 있는 상대가 있다면 '그때 나한테 그렇게 해서 슬펐다'고 전할 수 있습니다. 그러나 고백할 상대가 없어서 전하지도 못할 생각을 계속 품고 지금까지 자신을 옭아매고 있다면 손해입니다.

의자를 두 개 준비해서 마주 보게 둡니다. 그리고 한쪽 의자에 앉아 눈앞에 자신이 이야기하고 싶은 상대가 있다고 상상하면서 자신의 감정을 마음껏 토로해 봅시다. 눈물이 나오면 그대로 흘립니다. 자신의 생각과 그에 영향을 받았던 일…… 등 감정을 송두리째 쏟아냅니다.

이야기를 끝내면 다음엔 반대쪽 의자에 앉습니다. 그리고 이번에는 상대방 입장이 되어 그 당시에 왜 그렇게 했는지 이야기해 봅니다. 또 다소 힘들더라도 조금 전에 들은 이야기를 어떻게 생각하는지 상대방이 되어 이야기합니다.

자신의 생각만 털어놓아도 어느 정도 후련해집니다. 또 역할 바꾸기를 하다 보면 상대방에게 그럴 만한 사정이 있었다는 사실을 문득 깨닫게 됩니다.

상당한 효과가 있으므로 꼭 한 번 시험해 보세요!

'의자 요법'으로
마음속 응어리를 모두 풀어내자!

58

물에 흘려보낸다

◆ ◆ ◆

불쾌한 감정은 사실 피하거나 지나칠 수 없습니다. 왜냐하면 인간은 불쾌한 경험을 통해 배우기 때문입니다.

어린 시절 라이터로 불장난을 하다 화상을 입은 사람은 불은 갖고 놀아서는 안 되는 위험한 대상이라고 학습합니다. 그렇다고 어른이 되어서도 라이터 사용을 두려워할 필요는 없습니다. 자라면서 라이터를 안전하게 다루는 기술을 익히기 때문입니다. 그와 마찬가지로 자신의 믿음과 사고습관도 '옛날에는 필요했지만 지금은 필요하지 않은' 경우가 있습니다.

'불쾌한 생각은 그 당시 자신이 배우기 위해 필요한 것이었다'라고 생각합시다. '이 일이 일어났기에 내가 깨달음을 얻었다'라고 생각하면 '불쾌한 생각'은 '감사의 씨앗'으로 전환됩니다. 이것은 생각에 뚜껑을 덮는 게 아니라 '탓하는 에너지'를 '감사의 에너지'로 전환하는 행위입니다.

감사에 눈 뜨면 '무의식중에 상대방에게도 나 자신에게도 불쾌한 기분이 들게 했구나……'라고 자신을 탓하기도 합니다. 그러나 그 당시에는 그런 사고습관이 필요했습니다. 우리는 과거의 사고습관으로 보호받을 수 있었습니다. 그러므로 지금은 그에 감사하며 과거의 사고습관을 놓아 주고 생각의 폭을 넓혀 새로운 가치관을 가지는 걸로 충분합니다.

　　일본에는 '물에 흘려보낸다'라는 격언이 있습니다. 과거에 일어난 일은 자신에게 '필요했던 일'이라 생각하고 그 일에 얽힌 감정과 생각을 그대로 흘려보내면……. 더 이상 쓸데없는 감정이 남지 않게 됩니다!

'망각'은 궁극의 용서다!

59

'나는 가망이 없어'라는 생각에 이유를 대 본다

◆◆◆

'어차피 나는 안 돼' 하고 약한 마음이 들 때가 있습니다. 이렇게 자포자기하는 이유는 무엇일까요?

실수를 해서 남에게 폐를 끼쳤기 때문일까요? 그러나 실패나 실수를 하지 않는 사람은 없습니다. 반성을 하고 그 일에서 배운 점을 앞으로 활용하면 됩니다.

자신은 다른 사람과 비교가 안 된다고 생각하기 때문일까요? 그러나 '안 되는' 게 아니라 그 분야에는 의욕이 생기지 않아 재능을 발휘하지 못했을 뿐입니다.

대단한 특기가 없기 때문일까요? 그러나 뛰어난 재능이 없더라도 우리는 주변 사람에게 없어서는 안 되는 소중한 존재입니다. "너는 글렀어"라는 말을 들었기 때문일까요? 그러나 그건 그 사람의 가치관입니다. 그 사람이 여러분의 전부를 아는 건 아니잖아요.

여러분 모두가 둘도 없이 소중하며 멋진 존재임을 잊지

마세요. 여러분은 수많은 생명을 일용할 양식으로 받고, 가고 싶은 곳에 가고, 하고 싶은 일을 차근차근 이루어 갈 수 있는 대단한 존재입니다! '이걸로 충분해' 하고 스스로 만족하면서 살면 타인의 가치관에 휘둘릴 필요가 없습니다. 누구도 주변 사람들에게 잘 보이려고 인생을 살지는 않습니다.

마릴린 먼로가 주연한 영화 〈뜨거운 것이 좋아〉에는 "완벽한 사람은 없다!(Nobody is Perfect!)"라는 멋진 대사가 나옵니다.

우리는 모두 완벽하지 않은 인간입니다. 자신에게 상처를 주지 말고 자신감을 갖고 앞으로 나아가야 합니다!

긍지를 갖고 타인의 가치관은
융통성 있게 받아넘기자!

60

마음이 울컥할 때는
'소망'을 찾는다

◆ ◆ ◆

분노와 슬픔, 고통과 증오, 초조와 질투 등 부정적인 감정은
지워도 지워도 솟아납니다.

인간에게는 '욕망'이 있습니다. '좀 더 부자가 되고 싶은'
욕망이 강해지면 '지금은 돈이 없는' 현실의 틈바구니에서 부
정적인 감정이 생겨나게 됩니다. 그렇다고 해서 욕망이 없는
게 좋다는 말은 아닙니다. 식욕이 없으면 굶어 죽겠지요? 이
처럼 욕망은 인간이 살아가기 위해 반드시 갖추어야 할 요건
입니다.

욕망은 '참아야 하는 것'이 아닙니다. 욕망은 '내가 무엇
을 바라는지 깨닫고 나를 성장시키는 원동력'입니다.

'무시당했다!'고 화가 나는 건 '인정받고 싶다'고 바라기
때문입니다. '사랑하는 애완동물이 죽었다'고 슬퍼하는 것은
'무조건 애정을 쏟는 존재와 함께 있고 싶다'고 바라기 때문
입니다. '저 사람이 나보다 인기가 많잖아……'라고 질투하

는 마음은 '많은 사람에게 사랑받고 싶다'고 바라기 때문에 생깁니다.

자신의 소망이 뭔가 깨달았다면 분노와 슬픔으로 향하던 에너지를 멈추고 바라던 일을 이루기 위해 에너지를 집중합시다. 부정적인 감정이 단숨에 사라지며 의욕이 솟아납니다. 그리고 자아가 성장해 갑니다!

욕망은 자아 성장에
없어서는 안 되는 존재!

61

'앞으로 사흘밖에 살 수 없다'고 생각한다

◆ ◆ ◆

어떤 일을 좀처럼 받아들이기 힘들 때가 있습니다. 괜히 고집을 부리며 사과하지 않거나 차이는 게 무서워 고백하지 않거나……. 미국의 소설가 마크 트웨인은 이렇게 말했습니다. "우리가 한 일은 설령 실패하더라도 20년 뒤에는 웃으며 이야기할 수 있게 된다. 그러나 하지 않은 일은 20년 뒤 후회할 뿐이다"

인생의 마지막 순간에는 '한 일'보다 '하지 않은 일' 때문에 후회한다고 합니다. 그러므로 우리는 좀 더 솔직해져야 합니다. 자신이 하고 싶은 일은 해 보는 것이 좋습니다!

좀처럼 용기를 내지 못하는 여러분께 극약 처방을 내립니다. 여러분은 앞으로 사흘밖에 살 수 없습니다. 그렇다면 무엇을 하시겠습니까? 하고 싶었지만 하지 못했던 말. 하고 싶었지만 하지 못했던 일. 미뤄 두었던 일. 용기가 나지 않았던 일. 순순히 받아들이지 못했던 일……. 우선 종이에 생각나는 대로 모조리 적어 봅시다. 그리고 머리로 생각하고 마음이 '어차피 안 돼' 하고 딴죽을 걸기 전에 한번 해 보는 겁니다!

예전에 이 방법을 알려 주었더니 "짝사랑하던 남자에게 전화할래요!"라고 말하고 그 자리에서 당장 휴대전화로 전화한 여성 참가자도 있었습니다. 그 여성은 그날 상대방이 일 때문에 바빠서 전화를 받지 않을지도 모르겠다고 걱정했는데 웬일인지 그 남자분이 전화를 받았고, 횡설수설하는 고백에도 바로 수락했답니다!

안 된다고 생각했지만 실제로 해 보면 잘 풀릴 때가 많습니다!

'해 보자!'는 마음이
기적을 일으킨다!

62

감동을 소중히 한다

◆◆◆

매일 일어나는 일을 '좋다', '나쁘다' 는 기준으로 판단하면 그
때그때 일어나는 일에 따라 기분이 오락가락합니다. 당분간이
라도 좋으니 매사를 옳고 그름으로 판단하는 것을 중단하면
어떨까요?

판단을 중단하면 어떻게 될까요? 바로 '경험을 즐기게'
됩니다. 예를 들어 등산이나 할까 했는데 일기예보가 빗나가
비가 내렸다고 칩시다. 옳고 그름으로 판단했다면 '어휴, 재수
없게. 오늘은 안 되겠다. 일기예보도 틀리고 이거 순 엉터리
아냐' 하고 불만만 생깁니다. 그렇지만 경험을 즐기기로 했다
면 '비가 내리네. 비가 내리면 숲이 한층 푸르러서 멋지겠다.
일정을 바꿔 영화나 한 편 볼까' 하는 식으로 불만을 느끼지 않
고 일어나는 일을 그대로 즐기게 됩니다.

일어나는 일에 대한 판단을 멈추고 어떠한 일도 '재미있
는 경험'이라고 생각하면 불쾌한 기분이 줄어듭니다. 불쾌한

기분이 줄어들면 기쁜 일이 생깁니다. 기쁜 일이 생긴다는 것은 바로 '감동하기 쉬운 체질'로 변한다는 뜻입니다. 불만이 없는 만큼 마음이 순수해져 감동을 깊이 맛보게 됩니다. 영화와 음악을 전보다 훨씬 즐기게 됩니다. 그리고 작은 일에도 감격합니다.

감동은 경험 속에서만 얻을 수 있습니다. 경험과 감동을 즐기며 매일 풍요로운 삶을 만들어 갑시다!

경험과 감동을 즐기면
인생이 풍요로워진다!

63

명상을 한다

♦ ♦ ♦

'명상'을 하면 신비한 효과가 있을 것 같지만 어렵다는 생각에 명상을 시도하지 못하는 사람이 많습니다.

명상이란 간단히 말해 조용히 앉아 머리에서 잡념을 몰아 내는 행위입니다. 명상을 하면 호흡이 느려지며 이완 상태에 빠지게 됩니다. 동시에 잡념으로 가득했던 머리와 마음이 맑아져 번뜩이는 아이디어가 떠오르거나 이루 말할 수 없는 황홀감을 맛보기도 합니다. 그러한 경지까지 이르지 않더라도 매일 짧게나마 '머리를 비우는 시간'을 가지면 마음이 편안해집니다.

어둑하고 조용한 방에서 눈을 감고 앉습니다. 그리고 천천히 배를 부풀리듯 호흡을 합니다. 복식호흡을 하면 가슴으로 숨을 쉴 때보다 뼈와 근육을 적게 움직이기 때문에 쉽게 긴장이 이완된다고 합니다.

시각과 청각 같은 몸의 자극이 줄어들면 자연스럽게 의식에 집중하게 됩니다. 그러면 머릿속에서 목소리가 들려 옵니다. '오늘 이런 일이 있었지', '내일 예정은', '정말 이걸로 명상이 될까' ……. '생각하면 안 돼!'라고 생각하는 것도 잡념입니다.

일본의 명상 전문가인 호사이 아리나는 그런 경우 '보류'하라고 권합니다. 명상 시간은 어림잡아 15분 정도. 그러므로 무언가 떠올랐다면 나중에 생각하자며 당장 쓰지 않는 서류를 상자에 밀어 넣듯 슬쩍 미뤄 둡니다. 초보자에게 '무념무상'은 어려운 단계입니다. 그러므로 호흡에만 집중하고 잡념이 떠오르면 보류 상자에 '던져 넣고' 조용히 계속합시다.

'깨달음'에 이르지 못해도 깊은 이완 상태에 몰입하면 손발의 온기와 평안한 마음을 맛볼 수 있을 것입니다!

매일 명상 시간을 가지면
새로운 활력이 솟아난다!

64

파워 스폿을 찾아간다

♦ ♦ ♦

'파워 스폿(Power spot)'은 생명과 물질활동의 원천이 되는 에너지가 모여 있는 장소입니다. 파워 스폿에 가면 파동 에너지를 흡수해 생명력이 강해지고 몸과 정신이 정화되거나 치유 효과가 있다고 알려져 있어서 일본과 유럽 등지에서는 '파워 스폿 순례'가 유행하기도 했습니다.

자연계에는 활화산대와 거대 단층지대에 에너지가 모이는 곳이 있는데, 일본에서는 후지 산과 나가노 현 이나시의 분쿠이 고개, 아소 산 등이 유명합니다. 일본 전통 종교에서는 이세 신궁, 아쓰다 신궁, 하코네 신사, 고야산 등이 잘 알려진 파워 스폿입니다. 그 밖에도 돌과 물과 숲 등, 자연 에너지가 풍부한 곳에 가면 불가사의한 체험을 하지 않아도 마음이 상쾌하고 편안해집니다.

또 옛날 에도 성이 있던 황거(皇居)와 일본의 옛 수도인 교토는 풍수적으로 기의 에너지가 높은 명당이라 수도의 중심과 수도로 선정됐다고 합니다.

영적인 힘에 눈뜨지 않은 사람은 영적인 기운을 느끼는 사람이 파워 스폿이라고 말한 곳에 가서 '그런 느낌'에 잠기는 수밖에 없겠지요. 모처럼 짬을 내 파워 스폿에 가 오감을 사용해 영험한 기운을 느껴 보는 건 어떨까요?

파워 스폿에 가면 걷지 말고 조용히 멈춰 서서 풍경을 바라봅시다. 그리고 공기를 가슴 가득 들이마십니다. 눈을 감고 나뭇잎 스치는 소리를 들어 봅시다. 깨끗한 샘물이 있으면 샘물을 홀짝여 봅시다. 푹신한 이끼와 흙을 만져 보거나 나무와 돌을 쓰다듬어 봅시다. 공기를 느껴 봅시다.

그리고 마지막으로 멋진 에너지를 주는 그 장소에 감사합시다. 몸도 마음도 깨끗한 기운이 넘쳐흐르는 것을 느낄 수 있답니다!

파워 스폿의 기운을
오감으로 느끼자!

65

수호천사의 수호를 받는다

◆ ◆ ◆

'천사'라고 하면 사람들은 대부분 발가벗은 아기의 모습을 한 큐피드나 종교화에 묘사된 날개 달린 여자를 떠올립니다. 심리학자이자 태어나면서부터 투시능력을 가진 치유사로, 천사와 여신 등과 교류하며 천사에 대해 몇 권의 책을 저술한 도린 버트는 '보이지 않는 불가사의한 존재'는 틀림없이 존재하며 우리를 지켜 준다고 주장합니다.

거짓말이든 사실이든 주위에 우리를 지켜 주는 큰 힘을 가진 존재가 있고 그 존재가 우리를 도와준다고 생각하면 마음 든든하지 않은가요? 저는 그렇게만 생각해도 천사를 믿을 가치가 있다고 생각합니다.

천사는 결코 비판하지 않는 존재입니다. 우리가 실수를 저질렀을 때 자포자기하는 것은 잘해야 한다는 에고의 목소리 때문입니다. 천사는 '괜찮아! 이 일을 계기로 다음에 더 잘하면 되잖아!'라고 비판하지 않고 항상 용기를 주며 응원해 줍니다.

에고의 목소리에 흔들리지 말고 천사의 메시지에 귀를 기울입시다. 그러면 천사의 응원이 들릴 겁니다. 천사는 항상 주위에 있지만 우리가 '부탁'하지 않으면 대답하지 않습니다.

이루어지기를 원하는 소망이 있을 때는 '○○가 하고 싶습니다. 응원해 주세요!'라고 천사에게 부탁해 봅시다. 그리고 강력한 힘이 도와줄 거라고 상상해 보세요.

그러면 천사가 불가사의한 우연이 일어나게 하여 우리가 바라는 것이 이뤄지게 도와줄 겁니다!

수호천사의 존재를 믿자!

66

천사의 힘을 체험한다

◆ ◆ ◆

천사는 우리에게 정화와 치유와 소망의 실현 등 다양한 도움을 줍니다. 천사가 가진 정화의 힘을 빌려 봅시다.

대천사 미카엘은 큰 검을 들고 있는, 불필요한 에너지를 없애 주는 강력한 힘을 지닌 천사입니다. 미카엘은 그 에너지로 우리를 지켜 줍니다.

먼저 의자에 앉아 눈을 감고 긴장을 풉니다. 그리고 "대천사 미카엘이시여, 필요 없는 에너지를 가져가 주세요"라고 기도합니다. 다음으로 하늘에서 진공청소기의 호스처럼 생긴 기다란 관이 내려와 머리부터 등까지 훑는 장면을 상상해 보세요. 그 신비한 관은 머릿속에 먼지처럼 쌓여 있는 에고와 불필요한 생각과 감정 등을 시원스럽게 빨아들입니다. 마음뿐 아니라 눈꺼풀 뒤나 귀와 가슴속 등 몸 구석구석 필요 없는 찌꺼기도 빨아들입니다. 관이 팔로 뻗어와 손톱 밑에 낀 때까지 빨아들입니다.

가슴에 쌓인 짜증과 부정적인 감정도 빨아들입니다. 아랫배의 묵직함이나 생리불순 등 몸 구석구석의 불필요한 응어리도 쏙쏙 빨아들입니다. 허벅지에서 무릎, 발끝까지 관절에는 불필요한 물질이 모여 있기 쉬운데 그런 찌꺼기들도 모조리 빨아들입니다.

강력한 하늘의 힘을 지닌 천사의 진공청소기로 정수리에서 발끝까지 필요 없는 모든 것을 빨아들이고 깨끗한 에너지를 채워 넣어 줍니다. 몸도 마음도 영혼도 깨끗해져 원래의 자아가 가진 광채가 되살아나는 것을 느껴 봅시다.

그리고 마지막으로 하늘의 진공청소기가 빛의 힘을 내뿜습니다. 깨끗한 에너지가 몸 구석구석까지 차오르는 것을 느껴 봅시다.

이러한 이미지 작업으로 영혼까지 깨끗해집니다!

천사의 도움으로
자신을 정화하자!

67

감사한다

♦♦♦

몸을 정화하는 가장 좋은 방법을 꼽으라면 저는 주저하지 않고 '감사'를 추천합니다.

감사에는 상당한 수준의 정화와 뛰어난 치유 효과가 있습니다. 감사는 상대방의 호의를 있는 그대로 받아들인다는 뜻입니다. 그만큼 마음이 순수하다는 증거입니다. 그리고 상대방이 한 일을 '호의'로 느끼는 순박함이 있다는 표지입니다. 아울러 자신이 받아들인 것을 '감사하다'고 느끼는 깨끗한 마음이 있다는 뜻입니다.

자신의 불쾌한 경험도 '그 덕분에 지금의 내가 있다'라고 생각하며 고마운 마음을 가지면 그 사건을 물에 흘려보내듯 잊을 수 있게 됩니다. 그래서 마음의 상처가 치유됩니다. '고마워', '감사합니다', '덕분에', '잘 먹겠습니다', '잘 먹었습니다'……. 감사의 말을 하면 할수록 긍정의 힘이 가득 찹니다.

사람들은 감사의 말을 하는 사람에게 무언가를 해 주고

싶어 합니다. 그래서 또 감사의 말을 하면 더욱 정화됩니다. 작은 일에서도 감사의 씨앗을 찾아냅시다. 불쾌한 일 속에 숨겨진 '나를 위한 깨달음'을 찾아봅시다.

감사함을 느끼면 느낄수록 여러분의 마음은 점점 정화되어 갑니다!

감사는
강력한 정화법!

4장

인간관계 정화하기

68

인연의 유통기한을 안다

◆ ◆ ◆

'이제 다시는 보고 싶지 않은데'라고 속으로 끙끙 앓으면서도 관계를 끊지 못하고 질질 끌려다니는 사람이 있습니다. 마음 씨 고운 사람이 특히 그렇습니다. 스트레스를 해소하기 위해 늘어놓는 상대방의 재미없는 이야기를 들어 주느라 시간을 빼앗기기도 합니다. 그것은 자신이 다른 사람과 만나는 시간을 없앨 뿐 아니라 상대방이 새로운 인연을 찾는 기회를 빼앗는 일입니다!

인간관계에도 '유통기한'이 존재합니다.

한때는 친밀했지만 점점 만나기 싫어지는 사람이 있습니다. 그 당시에는 서로의 에너지가 필요했기 때문에 만난 것입니다. 그렇지만 에너지를 다 얻으면 인연을 끊고 지금의 자신에게 필요한 에너지를 가진 사람을 찾아야 합니다.

인연의 '유통기한'을 깨달으면 자신을 '냉정하다'고 탓하지 말고 묵은 인연을 깨끗하게 정리하고 '새로운 인연을 맞이

할 시기가 왔다'고 생각해 봅시다. 서로 새로운 에너지를 얻어 성장하다 보면 언젠가 또 다시 만날지도 모릅니다.

때때로 휴대전화 주소록을 점검해서 지금의 자신과 파장이 맞지 않는 사람의 전화번호는 삭제합니다. 그러면 새로운 인연이 늘어날 겁니다!

인연의 '유통기한'을
확인하자!

69

과거의 연애는 잊어버린다

♦♦♦

과거의 연인은 마음속에서 상당히 큰 비중을 차지합니다.

결혼했다면 신경 쓰이지 않지만 아직 미혼이라면 새로운 파트너를 찾을 때 아무래도 과거의 연인과 비교하게 됩니다. 좀처럼 과거의 연인을 잊지 못하는 경우도 있습니다.

'연애를 할 때 남자는 이름을 붙여 폴더에 보관하고 여자는 겉봉만 써서 보관한다'라는 말이 있습니다. 이 말은 남자는 추억을 평생 소중히 하고 여자는 재빨리 잊는 경향을 데이터 보관법에 빗댄 것입니다.

여자라고 다 쉽게 잊어버리는 건 아닙니다. 자기는 여전히 좋아하는데 상대에게 이별 통보를 받아 울고불고 헤어졌다면 상대에게 필요한 에너지를 받지 못해 더 미련이 남습니다.

그렇지만 연애는 두 사람이 하는 것입니다. 자신은 다 받지 못했다고 생각해도 상대의 마음이 떠나면 인연의 유효기간은 거기까지입니다. 그러므로 그 인연에 감사하고 잊어버립니다.

여러분은 예전 파트너에게 받은 에너지로 변화하고 성장하고 삶의 파동도 바뀌었습니다. 새로운 마음으로 지금의 내게 맞는 파트너를 찾거나 주위에 있는 사람을 다시 봅시다. 그것이 지금의 자신에게 맞는 사람을 불러들이는 비결입니다!

옛 인연을 지우면
현재의 파동에 맞는 사람이 다가온다!

70

직장에서 순조로운 인간관계를
만든다

◆ ◆ ◆

친구 사이는 마음이 멀어지면 안 보면 그만이지만 직장 내 인간관계는 자신의 의지로 바꿀 수 없습니다.

예전에는 저도 평범한 회사원이었습니다. 인사이동 시기만 되면 시기심에 조바심을 내기도 했습니다. 마음 맞는 사람이 다른 부서로 떠나면 슬펐고, 껄끄러운 사람이 우리 부서로 발령받으면 어떡하나 하고 걱정했습니다. 그렇지만 제한된 인간관계에서도 우리는 커뮤니케이션 능력을 기를 수 있습니다.

직장에는 나라면 절대 친구 삼지 않을, 마음이 맞지 않는 사람도 있을 것입니다. 그러나 세계 인구를 생각할 때 67억 분의 1의 확률로 그 사람과 같은 직장에 다니는 셈입니다. 그는 '당신에게 무언가를 일깨워 주기 위해 당신에게 선택된 사람' 일지도 모릅니다. 그 사람이 그저 '싫다'고 투덜거리거나 피하지 말고 '왜 싫을까?' 하고 차근히 관찰해 봅시다.

'신경 쓰이는 말만 한다'거나 '무책임하게 일한다'거나 '납

득이 안 가는 일을 시킨다'는 등 이런저런 이유가 보일 것입니다. 그러면 그것을 '반면교사'로 삼습니다. 자기 스스로 이상적으로 생각하는 행동거지나 업무 태도를 유지하면 됩니다.

사실 다른 사람의 단점은 '바로 나의 단점'입니다. 자신이 그것을 보고 변하면 상대도 점점 변합니다. 게다가 자신의 능력도 향상됩니다!

직장은 커뮤니케이션을 배우는
장소다!

71

대답은 바로 한다

♦♦♦

무언가를 부탁받았을 때 "네" 하고 바로 대답하지 못하고 무심코 싫은 얼굴을 할 때가 있습니다.

『돈이 아닌 사람의 인연으로 크게 살자』 등의 저자로, 음식점을 경영하는 동시에 인기강사로 활동하며 일본 전국에서 강연 활동을 펼치는 나카무라 후미아키는 "대답은 0.2초 안에 하라"라고 강조합니다.

"네"라고 적극적으로 대답하고 목표한 바를 달성하려고 노력하다 보면 인성(人性)이 단련되어 성장하고, 그런 업무 태도를 본 상사의 눈에 들어 새로운 일을 맡게 되거나 성공하기 쉽다고 합니다.

자신에게 득이 되거나 좋아하는 일이라면 누가 채근하지 않더라도 바로 대답합니다. 사실 바로 대답을 하지 않는 이유는 귀찮다거나 '지금은 바쁜데' 하는 마음에 이해득실을 따지기 때문입니다.

무언가를 부탁받았을 때 이해관계를 따지거나 거절할 이유를 궁리하면 머릿속만 복잡해집니다. 바로 대답하고 재빨리 해 버리는 편이 마음도 편하고 상대방도 만족시키기 쉽습니다.

'네' 하고 바로 대답하고 '즉시 처리'합시다.

잘 모르면 웃는 얼굴로 물어 보고 배운 일은 잘 적어 두면 다음에 실수하지 않습니다. 만약 틀리면 솔직하게 사과합시다. 그런 사람은 다른 사람에게 인정받고 불필요한 문제도 일으키지 않습니다. 그리고 실수해도 도와주고 싶은 인성을 갖춘 사람으로 평가받습니다!

"네!" 하고 미소 지으며 대답하고
즉시 착수하면 유능하고 사랑받는 사람이 된다!

72 다른 사람에게 기대하지 않는다

◆◆◆

'바라지 말라, 그리고 잊어라' 이것은 제 은사님께서 하신 원만한 인간관계를 만드는 마법의 말입니다.

확실히 바라지 않으면 이루어지지 않아도 실망할 일이 없습니다. 기분 나쁜 일도 바로 잊어버리면 항상 마음이 편안합니다. 게다가 은혜를 입었거나 다른 꿍꿍이가 없거나 사소한 일은 마음에 담아 두지 않는 사람과의 인간관계는 매우 편하기 때문에 끌리는 법입니다. 실천은 상당히 어렵지만 분명 비법은 비법입니다.

그렇지만 인간은 '욕망'의 동물로 항상 뭔가를 바랍니다. 크게 '내가 무언가를 하고 싶다'와 '다른 사람이 무언가를 해 주었으면 좋겠다'는 두 종류의 욕망이 있습니다. 내가 하고 싶은 일은 스스로 조절할 수 있지만 다른 사람이 해 주었으면 하는 일은 내 마음대로 할 수 없기에 문제가 발생합니다.

예를 들어 부모자식 관계에서 부모는 자녀를 부모 뜻대로 하려 합니다. 그러나 '자식이 잘되기를 바라는 마음'에 한 일이라도 부모의 '하기를 바란다'와 자녀의 '하고 싶다'는 마음이 다르면 서로 불만만 생길 뿐입니다.

이런저런 분쟁이나 문제로 신경을 소모하고 싶지 않을 때 '다른 사람에게 바라지 않는 것'은 매우 좋은 방법입니다.

남에게 바라거나 남을 내 생각대로 움직이려 하지 말고 내가 원하는 바를 스스로 하면 마음도 편하고 불만도 생기지 않습니다!

쓸데없는 기대를 버리면
알력이 사라진다!

73

다른 사람을 탓하지 말고
자신을 점검한다

◆ ◆ ◆

"시어머니 때문에 불행해"하고 끊임없이 불평을 늘어놓는 분이 있었습니다. 마음이 약한 분이라 집안일에 대해 끝없이 이러쿵저러쿵 잔소리를 듣는 게 견딜 수 없이 힘들었겠지요. 다른 사람 때문에 내가 힘들다고 생각하면 무심코 불평이 나오게 마련입니다.

그렇지만 그것은 자신을 믿지 않는다는 증거이기도 합니다. '내 인생은 내 것으로 내가 바라는 대로 창조해 갈 수 있다!'고 자신을 믿는 사람은 남 탓을 하지 않습니다. 남 탓으로 돌리는 것은 자신의 인생이 타인에게 좌우되거나 상황과 운명에 놀아난다고 생각하기 때문입니다. '내 인생은 내 것으로 나에게 일어나는 모든 일은 나 자신을 위한 것이다'라고 자신을 믿으면 '저 사람 때문에'라고 불만스럽게 여기는 일은 없을 겁니다.

그래서 그분에게 물었습니다.

"시어머니 덕분에 집안일을 더 잘하게 되지 않았나요?"

"그러고 보니 그렇네요"

"그러면 시어머니를 내가 집안일의 달인이 되기 위해 꼭 필요한 사람이라고 생각하면 어떨까요? 시어머니가 잔소리 하면 안 하고는 못 배기잖아요?"

제 말을 듣고 그분은 쓴웃음을 지었습니다.

"그렇게 생각할 수도 있겠네요. 듣고 보니 옳은 말이네요"

그리고 고개를 끄덕이셨답니다.

지금까지 '다른 사람 탓'이라고 생각해 왔다면 '나를 위해 다른 사람을 불러들였다'고 생각을 바꾸어 봅시다. 그러면 자신의 인생은 자신의 것이라는 확신이 들면서 동시에 불만도 사라질 겁니다!

내 인생은 나의 것!

남에게 좌지우지되지 않는다!

74

돈에 대한 사고방식을 바꾼다

◆ ◆ ◆

'돈이 없어지면 인연도 없어진다'라는 말도 있지만 때로는 돈으로 인해 우정과 인간관계가 무너지기도 합니다. 돈은 종잇조각에 불과하지만 상황에 따라 사람의 인생을 좌우하는 경우도 있습니다.

왜 그럴까요? 가장 큰 원인은 대다수의 사람이 '돈은 한정돼 있기 때문에 많으면 많을수록 좋고 줄어들면 고생이다'라고 생각하기 때문입니다. 그래서 돈 쓰는 일을 꺼립니다.

그러나 행복한 부자는 돈을 기꺼이 쓰는데도 많은 돈이 그 사람에게 모여듭니다. '자신과 남을 기쁘게 해 주기 위해 돈을 쓰면 쓴 사람도 기쁘고 기쁨을 불러들이며 돈이 다시 돌아온다'고 생각하는 사람에게는 돈이 모여들게 마련입니다.

그렇지만 돈 쓰기를 꺼리는 사람은 '돈은 없어지는 것'이라고 생각하므로 돈이 줄어들지도 않지만 수입이 늘어나지도 않습니다.

돈에 대한 사고방식을 정화하는 데 도움이 되는 방법이 있습니다. 바로 '넉넉하게 내거나 기부하기'입니다. 아주 적은 돈이나 동전도 좋습니다. 적은 돈이라도 시작하기만 한다면 '풍요 마인드'가 길러집니다.

'기쁘게 돈을 쓰면 더 많이 돌아온다'라고 생각하면 지갑에서 돈이 빠져나가도 두렵지 않습니다. 돈 때문에 인간관계가 무너지거나 돈에 휘둘리지 않습니다. 그리고 실제로 누군가가 내게 한턱내거나, 선물을 받거나, 공돈이 생기거나, 승진하거나…… 등 좋은 일이 일어날 확률이 커집니다!

돈은 돌고 돌아 내게 돌아온다.
돈에 휘둘리지 말자!

5장

공간 정화하기

75

책상을 정리한다

♦ ♦ ♦

'정화'라는 말을 들으면 대부분 몸을 먼저 떠올립니다. 그러나 '나'라는 존재는 몸뿐 아니라 주위 사물에도 영향을 강하게 받기 때문에 정화는 몸에만 국한된 것이 아닙니다.

『아무것도 못 버리는 사람』을 쓴 미국의 풍수와 공간정리 전문가 캐런 킹스턴은 '자신의 외면을 정리하면 동시에 내면도 정리된다'라고 강조합니다. 사람과 그의 소유물은 미세한 에너지로 이어져 있어 주위 사물이 마음에 들면 에너지를 받지만, 불필요한 잡동사니에 둘러싸이면 반대로 에너지를 빼앗깁니다. 그렇기 때문에 방이 지저분하면 우울하고 의욕이 없으며 꼼짝도 하기 싫어집니다. 게다가 너저분하게 흐트러져 있거나 먼지가 쌓였다면 그 꼴을 보기만 해도 '지저분하다'는 불쾌한 마음과 '정리정돈을 미루고 있다'는 자책감을 항상 느끼게 됩니다.

먼저 책상과 탁자 위를 치워 봅시다! 겹겹이 쌓인 물건을 분류하여 제자리에 놓고, 필요 없는 물건은 재활용통에 버립니다. 물을 뿌려 먼지를 털고 최소한의 물건만 남겨 둡니다. 먼지만 털어도 마음의 먼지를 터는 듯하고, 깨끗이 정리된 책상을 보면 머릿속이 정돈될 겁니다.

그러면 실제로 업무 능률도 부쩍 향상됩니다!

잡동사니를 버리면
마음이 정화된다!

76

방을 50센티미터 단위로
나눠 정리한다

♦ ♦ ♦

책상 위를 정리한 다음에 도전해 볼 과제는 서랍과 옷장 안, 침대 아래입니다. 서랍이나 옷장 안에 넣어 둔 물건은 '예전'에는 필요했지만 '지금'은 필요하지 않은 물건이 대부분입니다.

우리는 물건을 얻을 때 그 물건에 담긴 '에너지'도 얻습니다. 그 당시에는 자신에게 필요한 메시지가 있었을 것입니다. 그렇지만 에너지를 다 받으면 그 물건은 빈껍데기만 남습니다. 빈껍데기가 자리를 차지하고 있으면 새 물건을 받아들일 수 없습니다.

'언젠가 필요할지 몰라' 하고 보관해 둔 물건도 대부분 10년에 한 번 쓸까 말까 합니다. 그 한 번 외에 나머지 시간 동안에는 '자리 차지' 에너지를 계속 발산합니다. 차라리 필요할 때 자신에게 꼭 맞는 물건을 찾는 것이 훨씬 자신을 활기차게 해 줍니다!

그러나 '대청소'를 하려면 나름의 각오가 필요합니다. '조만간 해야지' 하고 생각했다가는 잊어버리기 일쑤입니다. 그러므로 '한 번에 가로세로 50센티미터씩 공간을 정리하고 그 이상은 하지 않는다'고 정해 봅시다.

그 정도라면 압박감도 느끼지 않고 시간도 많이 걸리지 않아 청소가 힘들지 않습니다. 그러다 보면 어느새 주위가 말끔해진답니다!

공간을 나누면
정리정돈이 즐거워진다!

77

일주일에 한 번 15분간
'쓰레기 수거 시간'을 갖는다

◆ ◆ ◆

모처럼 대청소를 해도 깨끗한 상태는 오래가지 않습니다. 광고전단지나 광고 우편물은 보고 나면 바로 재활용 상자에 넣어야지 '나중에 해야지' 하는 생각에 내버려 두면 주말쯤에는 진절머리가 날 정도로 쌓이게 됩니다.

방을 깨끗하게 유지하고 싶으면 '보류 상자'를 만들어 봅시다. 바로 볼 수 없는 것은 보류 상자에 넣어 두고 텔레비전을 보는 사이 등 자투리 시간에 점검합니다. 보류 상자를 만들어 두면 '어디에 뒀더라?' 하고 찾을 일도 없습니다.

또 일주일에 한 번 15분간 '쓰레기 수거 시간'을 마련해 봅시다. 그 시간에 방을 둘러보고 필요 없는 물건이 없는지 찾아봅니다. 수거의 핵심은 지금의 내게 필요한 물건인지 아닌지입니다.

그 물건이 가진 에너지를 다 흡수하지 못했다고 생각되면 제자리에 넣어 둡니다. '이 정도면 충분해'라고 생각되면 버리거나 재활용합니다. 버릴지 말지 애매한 물건은 서랍 안에 넣어 두고 때때로 점검하면 좋습니다.

방에 어떤 물건이 있는지 아는 일은 방 구석구석까지 자신의 에너지가 닿게 하는 것이나 마찬가지입니다. 필요하고 마음에 든 물건은 나에게 에너지를 줍니다.

앞서 소개한 공간 정리 전문가 캐런 킹스턴은 "자신에게 임시변통의 물건을 주어서는 안 됩니다. 여러분 자신에게 최고의 물건을 주면 다른 분야에서도 최고의 것이 찾아올 것입니다"라고 말합니다.

잡동사니를 정리하고 마음에 드는 물건으로 채우면 인생이 바뀝니다!

방이 깨끗해지면
인생이 바뀐다!

78

현관을 깨끗이 한다

◆ ◆ ◆

집을 정화할 때 중요한 곳은 '현관'입니다. 풍수 입장에서 보면 현관은 사회로 나가는 입구이며, 또 자신이 인생에 어떻게 대처하는지 상징하는 장소입니다.

현관을 드나들 때마다 에너지도 함께 드나듭니다. 그러므로 현관에 물건이 어질러져 있으면 밖에서 좋은 에너지가 들어오지 못하므로 쓸데없는 문제의 원인이 되거나 출세를 가로막기도 합니다!

자주 신지 않는 신발은 과감히 처분합니다. 현관에는 그날 신을 신발만 두고 나머지는 신발장에 수납합니다. 신발장에 숯을 넣어 두면 냄새도 흡수하고 공기도 정화해 줍니다.

현관 매트는 나쁜 기운이 실내로 들어오지 않도록 막는 역할을 하므로 현관에 천연 소재 매트를 깔아 두고 항상 깨끗이 유지합니다. 선반이 있으면 말끔하게 정리하고 관상식물이나 싱싱한 꽃으로 장식합니다. 식물은 나쁜 기운을 흡수하여 깨끗이 정화하는 효과가 있습니다. 벽에 무언가를 장식하려면 밝은 분위기의 액자 그림이나 사진을 추천합니다.

무엇보다 중요한 점은 현관을 항상 밝고 깨끗이 유지하는 것입니다! 현관문을 살짝 열어 바람이 잘 통하게 하거나 현관 조명을 밝게 해 두면 어두운 에너지가 쉽게 들어오지 못합니다.

외출할 때 현관이 말끔하면 '빨리 집에 와야지' 하는 마음이 들고, 귀가할 때 현관이 밝고 깨끗하면 집을 더욱 사랑하게 됩니다!

현관을 깨끗이 하면
좋은 운이 들어온다!

79
화장실을 청소한다

◆ ◆ ◆

'화장실 청소를 하면 금전운이 좋아진다'라는 말을 들은 적 있나요? 그 말은 부정한 장소인 화장실을 깨끗이 하는 것은 집의 부정한 기운을 정화하는 일이라는 생각에 기인합니다. 일본에서는 화장실의 신이 부정한 기운을 불꽃으로 정화해 주는 능력이 있다고 믿습니다.

　실제로 화장실이 반짝반짝 빛나면 장사가 번창하거나 좋은 일이 일어날 확률이 매우 높습니다!

　화장실을 청소할 때 도구를 써도 좋지만 '맨손'으로 청소하면 더욱 운이 좋아진다고 합니다. '맨손으로 화장실을 청소하라고요? 더럽잖아요!'라고 생각할지 모르지만 일단 여러분의 화장실에서 한번 시험해 보세요. 화장실을 '오물을 흘려 보내는 장소'라고 생각하면 밥을 먹거나 세수를 하는 손을 변기 안에 집어넣기까지 상당한 용기가 필요합니다.

　그러나 '까짓 거' 하고 맨손을 변기 안에 집어넣으면……

여러분은 하나의 '편견'을 정화한 셈입니다. 그리고 '물이 차가워서 의외로 기분이 좋네', '변기라는 건 매끈매끈하구나' 하고 생각하며 변기를 닦는다면…… 여러분은 '불가능하다고 생각한 일을 해 낸 사람'으로 다시 태어납니다!

저도 '금전운 향상'이라는 말에 마음이 동해 맨손으로 화장실을 청소한 적이 있습니다. 그런데 맨손으로 화장실을 청소한 지 몇 년이 지나자 확실히 금전운이 좋아졌습니다. 그리고 무엇보다 '이것도 했는데 저건 못 하겠어'라는 생각 덕분인지 나름 대범해졌다고 자부합니다.

집을 정화하면서 마음도 청소할 수 있는 화장실 청소, 지금 바로 시작해 보는 건 어떨까요?

화장실 청소로
다시 태어난다!

80

창문을 자주 열고 반짝반짝 닦는다

◆◆◆

창은 비가 내리거나 바람이 불면 바로 더러워집니다. 유리창이 탁하면 바깥의 빛을 듬뿍 받을 수도 없고 밖이 환히 내다보이지도 않습니다.

창은 안팎 모두 항상 깨끗이 유지합니다. 영성 카운슬러인 다카쓰 리에는 '창이 깨끗하지 않으면 행복이 가까이 다가와도 안으로 들어오지 못한다'라고 말합니다. 창을 깨끗이 유지하면 행복과 좋은 정보가 자꾸자꾸 들어옵니다. 창을 닦으면 마음도 투명해지는 것 같습니다. 하루에 한 번 온 집안의 창문을 열고 환기를 시킵니다. 환기를 하면 고여 있던 공기와 나쁜 기운을 몰아낼 수 있습니다.

또 영적인 힘을 고양시키고 싶은 장소 주위에 있는 거울을 닦습니다. '거울' 한가운데 있는 '나'를 똑바로 보는 행위는 '내 안의 신'을 마주하는 것과 같습니다. 내 안에 있는 '신'이 세면대 거울이나 전신 거울, 손거울…… 등 모든 거울을 닦음으로써 빛을 냅니다. 거울을 닦으면 통찰력이 좋아지고 직감력이 예리해집니다. 그리고 생각의 중심이 잡힙니다. 마음이 편안하고 맑으면 영적인 힘도 높아집니다. 집과 주위를 깨끗이 정리하면 마음속까지 개운해집니다.

자, 이제 새로운 기의 순환이 시작됩니다!

창문과 거울을 닦아
행복을 불러들이자!

6장

가벼운 몸 만들기

81

아름다워지고 싶은 이유를 찾는다

◆ ◆ ◆

몸이 가벼워지려면 '날씬해져야' 합니다. 날씬한 몸매를 바라는 사람은 많습니다. 그렇지만 "아무리 해도 살이 빠지지 않아"라고 한숨을 내쉬는 사람이 많은 것도 현실입니다. 세상에는 수많은 다이어트 정보가 넘쳐납니다. 다이어트 방법은 주로 '식사', '운동', '몸 관리'이지만 가장 중요한 것은 '이유'입니다!

『다이어트하지 않고 날씬해지는 방법』을 쓴 보브 슈워츠는 "다이어트로는 날씬해질 수 없다"라고 단언합니다. 날씬해지지 않는 이유는 무엇일까요? 그것은 '날씬해져야만 하는 이유'가 없기 때문이라고 합니다.

'날씬해지고 싶다'고 고백하는 고객 중에 확실히 날씬해진 분이 있습니다. 바로 결혼 날짜를 받아 둔 신부입니다. 결혼식 때 몸매가 드러나는 웨딩드레스를 입고 싶다는 명확한 이유가 있기 때문입니다. "살은 빼고 싶지만 식후에 먹는 달콤한 아이스크림의 유혹을 도저히 뿌리치지 못하겠어요"라고 말하는 분이 있는데, 이분은 살을 빼는 게 좋다고 생각하면서도 '지금 그대로도 괜찮지 않아?'라고 생각하기 때문입니다.

또 살이 빠지지 않는 사람 중 "남자친구가 없는 이유는 내가 뚱뚱하기 때문이야"라고 무의식적으로 살찐 자신을 평계 삼거나 "살 빼고 예뻐지면 다른 사람들이 나를 질투할지도 몰라"라고 두려워하는 사람도 있습니다.

살을 빼고 싶지만 도무지 살이 빠지지 않는 사람은 비만을 무언가의 변명으로 삼지 않는지 자신을 돌아봅시다. 그리고 '내가 꼭 살을 빼야 하는 이유'를 확실히 찾아봅니다.

날씬한 몸매는 이유 찾기에서 시작됩니다!

날씬해지기 위해
꼭 필요한 것은 '이유'!

82

위장의 목소리에 귀를 기울인다

♦ ♦ ♦

앞장에서 소개한 보브 슈워츠는 살을 빼기 위해서는 날씬한 사람의 행동을 따라하는 것이 좋다고 조언합니다. 날씬한 체질의 사람이 음식을 먹을 때 하는, 그러나 살찌기 쉬운 사람은 하지 않는 네 가지 습관이 있습니다.

- 배고플 때만 음식을 먹는다.
- 자신이 먹고 싶은 음식만 먹는다.
- 음식은 하나하나 맛을 보며 먹는다.
- 배부르면 그만 먹는다.

사실 이 네 가지 습관은 매우 효과적입니다!

고객 중에 아이가 남긴 음식을 꾸역꾸역 먹다 체중이 늘어난 아기 엄마가 있었습니다. 그분이 '위장의 목소리'에 귀를 기울이게 되었습니다. 그래서 끼니때라도 배가 고프지 않으면 억지로 먹지 않고 다음 식사 때 먹도록 식습관을 살짝 바꿨을 뿐인데…… 3킬로그램 감량에 성공했답니다!

우리는 '과자 봉지를 뜯었으니 다 먹어치워야지'라든가 '한 입밖에 안 남았는데'라든가 '아깝다'라는 마음에 '위장의 목소리'를 듣지 않고 무심코 먹어치웁니다. 그런 습관은 가만히 두어도 힘든 위장에게 너무 가혹한 처사입니다.

탁자에 과자가 있어서 먹거나 패스트푸드 텔레비전 광고를 보고 '먹고 싶을' 때도 있겠지요. 그러나 어떠한 경우에도 우리는 '위장의 목소리'에 귀를 기울여야 합니다. 배도 안 고픈데 무언가를 먹는 것은 위장을 괴롭히는 가혹 행위입니다.

위를 소중히 하면 위가 한결 가벼워짐을 느낄 수 있답니다. 동시에 몸도 부쩍 가벼워진답니다!

'위장의 목소리'에 귀를 기울이면
보기 좋은 체중을 유지할 수 있다!

83

음식을 포상 수단으로 삼지 않는다

◆ ◆ ◆

음식을 먹으면 소화를 돕기 위해 부교감신경이 작용합니다. 그래서 음식을 먹으면 행복한 기분이 들고 마음이 편안해지며 긴장이 풀립니다. 그렇지만 긴장을 풀기 위해서나 손쉽게 행복감을 얻기 위한 수단으로 '먹기'를 택하면 식사량이나 간식을 먹는 양과 횟수가 늘어나 자연스럽게 칼로리를 과잉 섭취하게 되어 몸에 '저금'하듯 지방이 쌓입니다. 여기까지 읽고 순간 뜨끔하지 않았나요?

사실 제게도 먹는 행위는 가장 큰 오락으로, 저는 먹는 걸 무지 사랑합니다. 예전에는 '열심히 해 낸 자신에게 주는 상!'으로 제게 맛있는 음식을 준 적도 있습니다. 덕분에 체중이 차곡차곡 늘어났지만요. 그러나 '위장의 목소리'에 귀를 기울이면서 '상으로 맛있는 걸 먹고 싶지만 배가 부르니까 지금은 안 먹을 거야'라고 생각을 바꾸었습니다. 그래서 지금은 자신에게 상을 주고 싶을 때 읽고 싶은 책을 사는 등 다른 일을 하려고 합니다. 그리고 배가 고플 때 여전히 그 음식이 먹고 싶으면 먹습니다. 덕분에 좋아하는 음식을 마음껏 먹었는데도 몸무게가 늘지 않게 되었습니다.

긴장을 풀거나 자신을 행복하게 해 주는 포상 수단은 다양합니다. 자신의 건강을 위해서라도 '몸의 목소리'에 귀를 기울입시다!

음식을 포상 수단으로 삼지 않는 것도
효과적인 다이어트 방법이다!

84

섭취한 음식을 기록한다

◆ ◆ ◆

또 한 가지 다이어트에 효과적인 방법은 '레코딩 다이어트'입니다. '레코딩 다이어트'는 『언제까지나 뚱보라고 생각하지 마』의 저자로 1년 만에 50킬로그램을 감량하는 데 성공한 오카다 도시오가 제창한 다이어트 방법으로 섭취한 음식을 모조리 수첩에 기록하는 것입니다. 섭취한 음식을 적기만 해도 '내가 이렇게 많이 먹었단 말이야'라고 놀라거나, 밤중에 무언가를 먹으려 하다가도 적기가 귀찮아서 야식이나 간식 먹는 횟수가 점점 줄어든다고 합니다.

　습관이 되면 하루에 남성은 1500칼로리, 여성은 1300칼로리 정도로 식단이 안정된다고 합니다. 이 방법은 '케이크는 칼로리가 높으니까 먹으면 안 돼!' 하고 금지하는 게 아니라 일단 먹고 싶은 음식을 먹고, 나중에 칼로리가 적고 만복감이 큰 음식으로 식단을 조절하는 일종의 게임 심리를 응용한 다이어트 방법입니다.

그러는 동안 미각이 점점 살아나 자극적이고 칼로리가 높은 음식보다 몸에 좋고 담백한 음식이 더 맛있게 느껴져 요요현상이 줄어든다고 합니다.

식사를 제한하거나 힘든 운동을 해야 한다면 괴로워서 다이어트를 하다가 좌절하기 쉽습니다. '괴로움' 보다 '지금 그대로도 괜찮은데'라는 마음이 이기는 순간 다이어트는 벽에 부닥칩니다. '살을 빼야 하는 이유'가 명확하지 않을수록 '괴로움'에 지는 속도는 빨라집니다. 그러므로 다이어트를 하기로 결심했다면 '즐겁고', '기분 좋게' 해야 꾸준히 계속할 수 있습니다.

'위장의 목소리에 귀를 기울이고 위를 편안하게 유지한다', '섭취한 음식은 모조리 적고 즐긴다', 우선 여기서부터 시작합시다!

섭취한 음식을 적기만 해도
체중이 줄어든다!

85

단 음식은 저녁 전에 먹는다

◆◆◆

식이조절 다이어트를 할 때 가장 큰 고충은 '먹고 싶은데' 먹을 수 없다는 것입니다. 그래서 결국 다이어트에 실패하게 됩니다.

칼로리에 신경이 쓰여 좋아하는 음식을 모조리 제한하거나 먹고 싶지도 않은 다이어트 식품만 먹으면 욕구불만이 커져 '지금 그대로도 못 봐 줄 정도는 아니잖아'라고 생각하게 됩니다. 그 순간 지금까지 먹지 못한 것을 만회하기라도 하듯 마구 먹게 되므로 요요현상이 일어납니다. 아울러 몸의 대사량을 늘리는 근육이 줄어 전보다 덜 먹어도 살이 찌는 체질로 변하는 반갑지 않은 덤까지 얻게 됩니다.

음식만은 절대 제한하고 싶지 않은 경우 먹는 시간을 바꾸면 효과적입니다. 저녁에는 피곤한 데다 배까지 고프면 무심코 과식을 하거나 디저트까지 먹은 뒤 얼마 안 돼 잠자리에 들기 쉽습니다. 저녁에는 위에 부담이 가는 음식은 가능한 한

먹지 않는 게 좋습니다. 아침과 점심 때는 활동량이 많기 때문에 약간 푸짐하게 먹어도 열량이 많이 소모됩니다. 열량이 높은 음식이 먹고 싶어서 도무지 참을 수 없으면 점심에 먹습니다. 또 단 음식은 저녁 전에 먹도록 합니다. 그러면 살도 덜 찌고 저녁을 먹을 때 그 음식이 위에 남아 있어 식사 양도 조절할 수 있습니다.

다이어트를 하는 사람은 먹고 싶은 음식에 대한 생각이 머릿속에 가득 차 더욱 음식에 집착하게 됩니다. 그러나 날씬한 사람은 음식 생각을 적게 하고, 필요한 음식을 적정량만 먹기 때문에 살이 찌지 않고 스트레스도 없습니다.

현명한 식생활이 아름다운 몸매를 만들어 줍니다!

먹는 시간만 바꾸어도
몸매가 변한다!

86

내추럴 하이진 식생활을 실천한다

◆ ◆ ◆

몸을 깨끗하게 하는 식사법도 있습니다. 현대는 먹을거리가
넘쳐납니다. 여러분은 오랜 옛날 인류가 불을 쓰지 않고 곡물
도 재배하지 않고, 말하자면 고릴라나 침팬지 같은 식생활을
하며 건강하게 살았다는 사실을 아시나요? 때로 원시인의 식
생활로 돌아가 몸을 깨끗하게 정화해 보는 건 어떨까요?

'내추럴 하이진' 식사법이 있습니다. 이 식사법은 몸에 좋
은 효소와 영양소가 풍부하게 함유되어 있는 생채소와 과일을
듬뿍 섭취하고 고기, 생선, 달걀, 유제품 같은 동물성 단백질
은 가능한 한 삼가도록 권합니다.

오전은 몸이 에너지를 배출하는 시간이므로 아침 식사는
물과 몇 가지 과일만 먹습니다. 과일은 효소가 많아 소화가 잘
되기 때문에 위에 부담을 주지 않습니다.

그리고 점심과 저녁에는 접시에 가득 담은 채소 샐러드와
채소와 콩과 버섯과 견과류를 중심으로 가능한 한 불을 쓰지

않고 시간도 들이지 않은 요리를 중심으로 먹습니다.

동물성 단백질은 탄수화물과 함께 먹으면 위에 부담이 가고 소화 흡수율도 떨어지므로 곡물과 함께 먹지 않도록 합니다. 과일은 식후에 먹으면 위 속에서 발효되기 쉬우므로 공복에 먹습니다.

저도 이 '내추럴 하이진' 식사법을 실천해 본 적이 있습니다. 과일을 마음껏 먹을 수 있어 행복했고, 속도 편안하고 신선한 음식으로 영양을 듬뿍 섭취했다는 느낌이 들어 보람을 느꼈으며, 몸무게도 서서히 빠졌습니다. 체내 효소가 소화에 사용되는 대신 몸을 회복시키는 데 쓰여 피부도 좋아졌답니다. 다만 과일에는 몸을 차게 하는 성질이 있으므로 몸이 찬 분은 여름에 도전하는 게 좋습니다.

일단 3주 정도 따라해 몸의 변화를 느껴 보셨으면 합니다!

신선한 영양을 충분히 섭취하면
몸이 깨끗해진다!

87

매크로바이오틱 식생활을 실천한다

◆◆◆

식이섬유를 충분히 섭취하므로 디톡스 효과가 높다고 알려진 것으로 '매크로바이오틱' 식사법이 있습니다. 매크로바이오틱 은 간단히 말해 '현미 채식'입니다. 음양의 조화를 생각하며 제철에 재배된 식재료를 되도록 가공하지 않고 통째로 먹는 식사법입니다. 동물성 식품과 기름, 정제 설탕과 첨가물 등은 가능한 한 피합니다. 매크로바이오틱 식사법이 내추럴 하이진 식사법과 다른 점은 생채소는 몸을 차게 하므로 반드시 가열해 서 먹고 곡물을 많이 섭취하고 바나나와 오렌지 같은 수입과일 은 피하는 것입니다.

이처럼 곡물과 채소를 중심으로 한 식사를 하면 식이섬유 를 대량 섭취할 수 있습니다. 특히 현미식은 장 속을 깨끗하게 청소해 줍니다. 장의 움직임이 활발해지면 숙변과 노폐물 등 독소가 배출되어 장이 깨끗해질 뿐 아니라 냉증, 신진대사가 향상되어 면역기능이 향상되고 다이어트와 미용 효과도 기대할 수 있습니다!

저는 벌써 10년 이상 현미를 먹어 왔습니다. 씹으면 씹을수록 구수한 현미 맛에 길들여져 현미를 넣지 않은 백미 밥은 맛이 없어 먹을 수 없을 정도랍니다. 또 사과와 대파도 껍질까지 먹는데, 껍질에는 영양소가 많고 요리에 넣으면 음식의 감칠맛을 돋우기 때문입니다. 그러면 먹을거리의 생명을 통째로 받아 엄청난 힘이 생기는 것 같습니다.

자연 그대로의 맛에 익숙해지면 입맛이 점차 바뀝니다. 재료 자체의 맛을 느끼게 되어 입맛이 담백해지고 채소 맛도 알게 됩니다! 그리고 신기하게도 육류를 덜 먹게 됩니다!

매크로바이오틱 식사법으로
대지의 영양을 통째로 섭취하자!

7장
아름다워지는 에너지로
몸을 채우기

88

식양생(食養生)으로 건강해진다

◆ ◆ ◆

이런저런 방법으로 정화를 했다면 이제는 자신을 건강하게 하는 에너지로 채웁시다.

몸은 우리가 섭취하는 음식으로 만들어집니다. 몸에서 불필요한 것을 내보냈다면 이번에는 나를 건강하고 아름답고 활동적으로 해 주는 것을 받아들여 새로운 나를 만드는 건 어떨까요!

매끼 식사로 몸의 부조화를 개선하고 건강을 유지하는 것을 '식양생'이라고 합니다. 식양생을 실천하기 전에 먼저 몸을 따뜻하게 하는 음식과 차게 하는 음식을 알아둡니다.

- 몸을 따뜻하게 하는 음식 : 혈액순환을 촉진하고 몸의 기능을 향상시켜 준다. (파, 부추, 생강, 마늘, 양파, 꽈리고추, 차조기, 쪽파, 쇠고기, 양고기, 간, 치즈 등)
- 몸을 차게 하는 음식 : 몸을 깨끗하게 하고 독을 없애 준

다.(박나물, 토마토, 오이, 우엉, 양상추, 가지, 무, 배추, 수박, 멜론, 바나나, 게, 바지락 등)

차가운 손발이 신경 쓰이는 겨울에는 즉석 생강차를 마십시다. 향신료의 일종인 생강가루를 컵에 넣고 뜨거운 물을 부으면 즉석 생강차가 완성됩니다. 즉석 생강차를 마시면 손끝까지 금세 따끈따끈해집니다.

여름에 차가운 음식을 많이 먹으면 위장이 냉해져 더위를 먹거나 쉽게 지칩니다. 여름에는 제철 오이와 토마토를 상온에 그대로 두었다가 씹어 먹어 봅시다. 자연의 단맛이 입맛을 돋우고 몸이 상쾌해집니다!

'식양생'으로 건강해지자!

89

제철 음식을 즐긴다

♦ ♦ ♦

현대는 냉난방 시설이 완비되어 있어 사계절 내내 쾌적하게
지낼 수 있습니다. 그러나 동양의학에서는 인간도 자연환경의
일부로 체내 환경을 자연에 순응시켜야 건강을 유지할 수 있
다고 합니다. 그래서 동양의학에서는 계절별로 몸에 맞는 음
식을 먹어야 한다고 주장합니다. 특히 제철 음식은 몸을 계절
에 맞추어 줍니다!

- 봄: 기의 흐름을 좋게 하고 겨우내 뭉친 에너지를 풀어
  주는 음식(메밀, 무, 유채, 고수, 미나리, 셀러리 등)
- 여름: 열을 식히는 음식(오이, 가지, 토마토, 여주 등),
  염증(습기)을 배출하는 음식(수박, 참외, 콩, 녹두, 팥, 율무 등)
- 가을: 음기를 보충하고 몸에 수분을 공급하는 음식(배,
  감, 포도 등 과일류, 해파리, 백목이버섯, 마 등)
- 겨울: 몸을 따뜻하게 해 주는 음식(닭고기, 양고기, 새우, 부

추, 후추, 계피 등)

또 체질에 따라 몸에 맞는 음식이 있습니다.

- 냉증: 부추, 고추, 생강, 새우, 닭고기
- 안면홍조, 충혈: 배추, 마, 게, 오징어, 배
- 피로: 찹쌀, 당근, 감자, 시금치, 오징어
- 통증, 불안: 메밀, 무, 귤, 마늘, 부추
- 부기: 율무, 하늘콩, 껍질콩, 완두콩
- 더위를 많이 타는 비만 체질: 팥, 수박, 키위, 연근, 박나물

약에 의존하지 말고 음식의 힘으로 몸을 튼튼하게 합시다!

음식의 성질을 알면
환절기를 슬기롭게 넘길 수 있다!

90

블랙 푸드를 먹는다

◆◆◆

기운이 없을 때 흔히 '정력이 부족하다'고 합니다. 동양의학에서는 정력이 '신장'(반면 서양의학에서는 신장을 생식과 배뇨기관으로 봅니다)에서 만들어진다고 해 신장을 보양하는 음식을 많이 먹으면 기력 보강에 좋다고 여겼습니다. 그뿐 아니라 신장을 보양하는 음식은 노화도 방지해 준다고 합니다!

신장의 기를 보하는 음식은 검은깨, 검은콩, 미역, 김, 톳, 다시마, 표고, 목이버섯, 흑설탕, 건포도, 서양자두 등 '검은 음식'입니다. 검은 음식은 혈을 보하는 작용을 해 불임증과 생리불순에 효과가 있으며 피부에도 좋습니다. 검은콩과 현미의 안토시아닌, 검은깨의 타닌계 색소와 세사민은 항산화물질로 노화를 방지해 줍니다.

또 정제하지 않은 곡물이나 껍질을 벗기지 않은 과일도 몸이 좋아하는 '검은 음식'입니다. 백미보다 현미, 정제 설탕보다 비정제 설탕, 밀가루보다 통밀, 껍질을 벗기지 않은 땅콩을 먹으면 영양소를 듬뿍 섭취할 수 있습니다.

또한 '점성이 있는 음식'도 좋습니다. 예를 들어 마와 아욱, 청국장, 몰로키아(이집트 및 지중해가 원산인 참피나무과 약용 채소로 줄기를 자르면 끈끈한 점액질이 흘러나온다. 잎 모양은 차조기와 비슷하게 생겼는데 노화방지 효과가 탁월해 클레오파트라가 즐겨 먹었으며, 일본 전역에서 널리 재배하고 있다 - 옮긴이) 등이 있습니다. 또 '다음 세대의 생명을 낳는 음식(콩과 씨앗류)'도 좋습니다. 예를 들어 도토리와 밤, 팥, 콩, 구기자 등입니다. 또 새우, 오징어, 굴, 장어도 신장의 기운을 북돋아 줍니다.

신장의 기를 보충하는 음식으로 젊음을 지키는 건 어떨까요!

블랙 파워로
젊음을 유지하자!

91

물을 마신다

◆ ◆ ◆

물에는 정화뿐 아니라 에너지를 고양하는 놀라운 힘이 있습니다. 물을 마시면 몸에서 수분이 순환해 대사량이 증가하고 두뇌활동이 활성화됩니다. 두뇌활동을 촉진하려면 어떤 음식보다 물이 좋습니다. 또 스트레스가 쌓이면 몸에서 수분을 빼앗겨 세포가 탈수 상태에 빠지므로 특히 자주 신경 써서 '물'을 마셔야 합니다.

물 가운데 '특별한 물'이 있는데, 첫째는 오랫동안 땅 아래를 흐르다 솟구치는 천연 샘물입니다(우리나라의 경우 제주도 용천대에서 솟아나는 물이 대표적인 천연샘물이다 - 옮긴이). 천연 샘물은 대지의 기억과 에너지, 그리고 미네랄이 다량 함유된, 힘이 넘치는 물입니다. '약수'로 알려진 물은 맛도 부드럽고, '자연과 함께 지낸 물의 기억'이 스며 있어 몸이 좋아하는지 모릅니다.

그다음으로 '성수'가 있습니다. 성수란 종교적인 신성한 기적 등을 일으키는 불가사의한 힘을 지닌 물로, 대부분 절이나 성지에서 **솟아납니다**(전 세계적으로 프랑스 루르드 성지의 성수가 유명하다. 성모 마리아가 발현한 후 루르드 샘물은 환자를 치유하는 힘을 가지게 되었다고 한다 - 옮긴이).

자연과 신의 힘을 지닌 성수를 마시면 병이 낫는다고 합니다. 우리 주변에도 약수나 성수를 뜰 수 있는 곳이 있습니다. 또 자신의 믿음이나 종교와 관련된 곳에 가도 좋습니다.

가끔 이렇게 치유의 힘을 지닌 물을 뜨러 가는 건 어떨까요? 맑은 물이 솟아나는 곳은 자연의 정기가 넘치는 장소입니다. 그곳을 찾아 그곳의 공기만 접해도 치유 효과가 있습니다. 또 물을 마시면 에너지가 솟아납니다. 무엇보다도 물은 달고 맛있답니다!

'물의 힘'으로
몸의 세포까지 치유하자!

92

단정한 자세로 운을 연다

♦ ♦ ♦

음식으로 몸 안을 아름답게 했다면 이번에는 움직임으로 몸을 건강하게 합시다.

태극권을 할 때는 팔다리는 구부리더라도 등은 곧게 폅니다. 등을 곧게 펴면 정수리로 하늘의 기가, 두 다리 사이로 땅의 기가 들어오므로 우리 몸이 하늘과 땅의 기운을 원활하게 받아들여 자신의 기의 에너지를 고양시킬 수 있기 때문이라고 합니다.

설 때도 앉을 때도 배를 바짝 당기고 쇄골을 펴고 머리가 보이지 않는 줄에 매달린 듯 등을 꼿꼿하게 폅니다. 등을 바로 펴면 기가 통해 머릿속이 맑아지는 기분을 느낄 수 있답니다. 그뿐 아니라 머리 무게가 등을 누르지 않아 목덜미가 가볍고 어깨 결림을 예방할 수 있습니다. 가슴이 벌어져 깊은 호흡을 하기 때문에 몸이 활성화되어 얼굴색이 좋아집니다. 허리를 구부리지 않아 위장과 신장이 압박을 받지 않으므로 내장 상태도 좋아집니다. 복근과 등 근육을 조여 요추를 받치기 때문에 요통이 예방되고 허리가 날씬해집니다.

책상에 앉아서 일할 때 등만 바로 펴도 비용과 시간을 들이지 않고 근육 트레이닝을 할 수 있습니다!

가슴을 펴면 마음도 밝아지고 보기에도 아름다워서 호감이 느껴져 점점 기쁜 일이 찾아옵니다. 자세만 바꿨는데 직장 동료에게 데이트 신청을 받은 고객도 있습니다.

아름다운 자세로 기 순환을 좋게 해 운수대통 합시다!

아름다운 자세는
몸과 마음에 모두 효과적이다!

93

'불호흡'으로 에너지를 고양시킨다

◆ ◆ ◆

깊은 호흡은 긴장을 이완하는 작용을 합니다. 에너지를 고양
시키고 다이어트 효과가 있는 호흡법이 있습니다!

바로 '불호흡'입니다. '불호흡'은 쿤달리니 요가 특유의
호흡법으로 크게 다음 네 단계로 나뉩니다.

1. 앉거나 서거나, 또는 양반다리나 가부좌를 해도 된다.
2. 코로 배가 쑥 들어가도록 숨을 내쉰다.
3. 조였던 배를 풀듯이 코로 숨을 들이마신다.
4. 이것을 1분에 60~180회 빠르게 반복한다.

불호흡은 식사 전이나 공복 때 하면 가장 좋습니다. 최소
한 30회 정도 해야 하고 몸상태에 맞춰 점점 속도를 올립니다.
하루에 몇 번 해도 관계없지만 1회 1분으로 한정합니다.

'불호흡'에는 놀라운 효과가 있습니다! 제대로 하면 몸이

후끈거리며 땀이 배어납니다. 복근운동이 되고 산소를 다량 섭취하므로 혈액순환도 좋아집니다. 게다가 내장 운동을 겸하므로 내장과 근육이 단련되며 허리가 날씬해집니다. 혈관과 세포에 쌓인 노폐물 배출을 촉진해 몸이 정화됩니다. 또 산소가 대량 공급되어 머리가 맑아집니다.

폐활량이 늘어나 심폐 기능이 단련되므로 격투기 선수 중에 '불호흡'을 하는 사람이 많습니다. 이종격투기 선수인 힉슨 그레이시도 그중 한 사람입니다. 또 불호흡을 하면 알파파가 나와 잠재 에너지를 높여 주는 효과가 있다고 합니다.

불과 1분으로 두뇌도 몸도 활성화됩니다. 꼭 한 번 따라해 보세요!

'불호흡'을 하면
1분 만에 에너지가 향상된다!

94

가슴에 손을 얹는다

◆ ◆ ◆

'차크라'란 산스크리트어로 '바퀴'를 의미하며, 인간의 생명과 육체, 정신 작용을 조절하는 몸의 에너지 중심을 뜻합니다. 차크라가 열리면 몸도 마음도 에너지로 넘치고 두뇌가 활성화되지만, 차크라가 닫히면 병에 걸리거나 감각이 둔해지고 불운을 부른다고 합니다.

일곱 개의 차크라를 활성화시키는 방법을 소개합니다. 스스로 '약하다'고 생각하는 부분의 차크라를 단련해 봅시다. 신경이 쓰이는 부분에 손을 얹기만 해도 효과가 있습니다!

제1 차크라 → 성기와 꼬리뼈 사이

- 생명력, 정열, 안정감, 힘을 관장한다.
- 자주 걷고 몸을 많이 움직인다. 온천에 들어가 자연의 기운을 받는다.

제2 차크라 → 단전

- 성적 에너지, 감수성, 감정표현을 관장한다.
- 단전을 의식하며 복식호흡을 한다. 아침에 일어나면 태양빛을 받으며 손바닥을

태양을 향해 펴고 온기를 느낀다.

제3 차크라 → 배꼽 뒤 척추 내벽

- 감정 조절, 자존심, 자신감, 불안을 관장한다.
- 자주 웃는다. 즐거웠던 일을 떠올리고 기뻐한다.

제4 차크라 → 가슴 한가운데

- 사랑, 신뢰, 희망, 관용을 관장한다.
- 심장에 손을 얹고 '괜찮아'라고 말을 건다. 사랑을 쏟을 대상을 만든다.

제5 차크라 → 목

- 창조성, 자기표현, 커뮤니케이션을 관장한다.
- 마음껏 소리 지르거나 노래방에 가서 실컷 노래한다. 또는 하고 싶은 일에 도전한다.

제6 차크라 → 미간 약간 위

- 영감, 아이디어를 관장한다.
- 지나치게 오래 생각하지 않는다. 음악과 그림 등 예술을 즐긴다.

제7 차크라 → 머리 꼭대기

- 초능력, 우주와의 일체감을 관장한다.
- 명상을 한다.

차크라를 의식해
잠자는 힘을 깨우자!

95

색의 마법을 이용한다

◆ ◆ ◆

'색(色)'은 눈으로 보아 즐거울 뿐 아니라 뇌의 시상하부에 도
달하면 몸과 마음에 작용하는 호르몬을 분비합니다. 또 눈으
로 보지 않고 몸에 닿기만 해도 몸이 그 색을 감지하고 호르몬
을 분비하기 시작합니다! 특정 색의 옷이나 속옷을 걸치거나
커튼을 바꾸거나 특정 색의 셀로판지를 붙인 전구의 빛만 받
아도 색이 가진 힘을 받을 수 있습니다!

• 빨강: 몸과 마음을 흥분시키고 원기를 북돋아 주는 '정열
    의 색'이다. 또 혈액순환을 촉진시켜 냉증과 어깨 결림에
    효과가 있다.
• 분홍: 여성호르몬을 분비하게 해 피부가 고와지고 젊어
    지는 효과가 있다. 온화하고 친근한 기질을 불러들이는
    '사랑받는 색'이다.
• 주황: 위장 운동을 활발하게 하고 식욕을 돋운다. 활기

를 북돋우는 '활력의 색'이다.

- 노랑: 외로운 마음을 달래 주며 의욕을 불러일으키는 '신경 집중의 색'이다.

- 초록: 모세혈관을 확장시켜 긴장을 이완시켜 주는 '치유의 색'이다. 눈의 피로와 두통을 완화하며 몸의 아픈 곳을 치료해 준다.

- 파랑: 마음을 가라앉혀 주고 판단력을 높여 주는 '냉정의 색'이다.

- 보라: 영감을 고양시켜 주는 '신비의 색'이다. 심신의 피로, 불면증에 효과적이다.

젊어지고 싶다면 '분홍 색채 호흡'을 해 봅시다.

눈을 감고 자신이 분홍색에 감싸여 있다고 상상해 보세요. 그리고 분홍색을 깊이 호흡합니다. '예뻐졌다! 젊어졌다!'고 상상하면 한층 효과가 있습니다. 하루에 세 번 색채 호흡으로 주름과 처진 피부가 사라졌다는 실험 결과도 나왔다고 합니다!

분홍 색채 호흡을 하면
피부가 매끈매끈해진다!

96

꽃과 친해진다

꽃집 앞을 지나가다 아름다운 꽃을 보면 절로 미소가 떠오릅니다. 공원이나 길을 걷다 본 누군가의 집에 핀 꽃이나 길가의 빨강, 파랑, 노랑, 하양, 분홍…… 알록달록 모양도 각각인 꽃들은 우리 마음을 어루만지고 달래 줍니다. 에하라 히로유키는 "꽃에는 수많은 기운이 모여든다"라고 말합니다. 그러므로 문병을 갈 때 꽃을 가지고 가면 꽃의 기운이 환자를 치유해 준다고 합니다!

마음이 울적할 때 스스로에게 꽃을 선물합시다. 꽃의 기운이 여러분의 마음을 치유해 줄 테니까요. 꽃은 그냥 봐도 좋지만 향기를 맡거나 뺨에 대면 따스한 에너지를 받을 수 있습니다.

꽃의 종류는 상관없습니다. 그날 눈에 들어온 꽃이 여러분에게 필요한 에너지를 가져다줍니다. 그러니 한눈에 들어온 꽃을 삽시다!

또 꽃말에 따라 골라도 즐겁습니다.

장미에는 '사랑', '아름다움', '순수'가, 백합에는 '위엄'과 '순진함'이, 칼라릴리에는 '멋진 아름다움'과 '청정'이, 터키도라지꽃에는 '희망'과 '청순한 아름다움'이, 안개꽃에는 '친절'과 '깨끗한 마음'이, 거베라에는 '희망'과 '항상 전진'이, 카네이션에는 '순수한 애정'과 '감동'이, 코스모스에는 '처녀의 애정'이, 스위트피에는 '영원한 기쁨'과 '새 출발'이, 은방울꽃에는 '다시 찾아온 행복'이, 팬지에는 '마음의 평화'와 '신뢰'가, 양귀비에는 '사랑의 예감'과 '추억'······ 등의 의미가 담겨 있습니다.(이상은 일본의 꽃말이다. 꽃말은 나라마다 조금씩 다르다 – 옮긴이)

아름다운 꽃의 기운을 받아 행복한 에너지로 자신을 가득 채웁시다!

꽃의 기운으로
마음을 치유하자!

97

환경을 생각하는 작은 실천이
우리를 행복하게 한다

◆ ◆ ◆

작은 '덕'을 쌓는 일도 우리에게 힘을 줍니다. 예를 들어 환경
보호도 덕을 쌓는 일입니다. 낭비를 줄이면 그만큼 지구 자원
의 낭비가 줄어 '착한 일'을 하는 셈입니다.

그러나 '지구를 살리자!'라고 열심히 부르짖지만 정작 실
천은 어려운 법입니다. 때문에 환경보호 전문가인 아카보시
다미코는 "에코(환경보호)는 에고(자신을 위해)로 하자"라고 조언
합니다.

예를 들어 엘리베이터나 에스컬레이터를 타는 대신 계단
을 이용합니다. 에스컬레이터는 자동으로 올라가는데 사람이
타지 않으면 전기가 절약됩니다. 계단을 이용하면 환경이 보
호되고 '덕'을 쌓으니 일석이조입니다. 몸을 쓰니까 다리와 허
리가 튼튼해지고 몸매 관리에 도움이 됩니다. 전력을 소비하
는 엘리베이터를 타서 몸을 편하게 하면서, 돈을 지불하고 시
간을 내야 하는 헬스클럽에 가는 것보다 바지런히 계단을 오

르는 것이 자신에게도 득이 됩니다!

　냉방이나 난방을 가능한 한 줄이거나 설정온도를 낮추면 몸이 자연에 순응하여 건강에도 좋습니다. 또 물건 살 때 주는 비닐봉지를 받지 않으면 집 안에 비닐봉지가 쌓이지 않아 쾌적합니다.

　무를 먹을 때 무 꼬랑이나 무청까지 먹거나 일회용 부직포 걸레를 쓰지 않고 청소를 하면 쓰레기 양이 줄어들어 쓰레기 버리러 가는 수고도 덜어 줍니다.

　환경을 생각하는 작은 실천으로 지구도 자신도 행복해집시다!

나를 위한 다양한 '자연보호'를
실천해 보자!

98

6이 아닌 9가 된다

◆ ◆ ◆

'기(氣)'도 우리의 힘을 좌우합니다. '기'라고 하면 생명활동의 원동력인 '육체의 기'를 주로 떠올리는데 '분위기'나 '기가 통한다'는 말과 같이 '감정을 반영하는 기'도 있습니다.

'감정의 기'는 우리 몸에 영향을 줍니다.

숫자 '6'을 상상해 보세요. 6은 내면에 응축된 에너지를 상징합니다. 다음으로 '9'를 상상해 보세요. '9'는 '6'과 반대로 외면으로 확산되는 에너지입니다. 6과 같이 생각이 안으로 침잠하면 우울해지거나 활력이 없어집니다. 그렇지만 9와 같이 생각이 넓어지면 몸도 마음도 해방되어 편안해집니다! 스트레스를 쉽게 느끼는 분은 가능한 한 9의 상태로 지내도록 합니다.

9의 상태를 행동으로 유지하는 좋은 방법은 바로 '웃기'입니다. 웃음은 에너지를 발산시키고 심호흡하게 만듭니다. 웃으면 부교감신경이 자극되어 긴장이 이완됩니다.

또 하나의 방법은 자세입니다. 기분이 가라앉을 때는 6과

같이 새우잠을 자듯 웅크리고 있는 상태입니다. 등만 쭉 펴도 기분이 바뀝니다. 잠을 잘 때는 가능한 한 똑바로 누워 푸른 하늘에 두둥실 떠 있는 듯한 기분으로 해방감을 느껴 봅시다.

6과 같이 몸을 움츠리지 말고 9와 같이 해방시켜 봅니다. 9를 의식하기만 해도 기가 '건강'해집니다!

6에서 9로 바꾸면
스트레스가 줄어든다!

99

좋은 점을 찾아낸다

◆ ◆ ◆

마음에 활력을 주는 가장 좋은 방법은 '기뻐하기'입니다. 좋은 일이 생겨서 기뻐하면 마음이 순식간에 좋은 기운으로 가득 찹니다. 자신을 기쁘게 하는 일을 해도, 기뻤던 일만 떠올려도 마음이 충족됩니다.

반대로 나쁜 일이 생기면 기뻐할 수 없습니다. 그렇다고 불쾌한 기분을 그대로 방치하면 줄곧 기분이 나쁜 상태로 있어야 합니다. 이 불쾌한 기분을 전환해 주는 비결이 있습니다. 그것은…… '좋은 점을 찾아내기'입니다!

'실수해서 혼났어! 그렇게까지 심한 말을 할 필요는 없잖아……'라며 불만이 생길 때는 '나에 대한 기대가 크구나'라고 생각해 봅니다. '새치기당했어! 아, 짜증나'라는 생각이 들 때는 '저 사람보다 내가 여유가 있으니 괜찮아'라며 여유를 가져봅니다. '자전거가 쓰러졌네! 도대체 누가 그랬어!'라며 화가날 때는 '자전거를 일으키는 만큼 칼로리가 소비되어 저절로 다이어트를 하는 셈이네' 하고 생각해 봅니다.

　사물의 좋은 점을 찾아내면 기쁩니다. 그와 동시에 작은 감사의 마음을 가지면 마음이 더욱 부자가 됩니다. 사물의 좋은 점을 찾아내 '행복한 기분'이 들면 들수록 자신을 더욱 행복하게 해 주는 일이 다가옵니다. 즐겁고 행복한 인생을 위해 '마음을 기쁘게 하는' 사고방식을 가져 봅시다!

어디에서나 '좋은 면'을 찾아내면
언제나 파라다이스!

100

'말의 힘'으로 아름다워진다

♦ ♦ ♦

정화를 하거나 에너지를 채울 때 가장 중요한 것은 '의지력'입니다. 어떤 파워 스폿에 가도 어떤 파워스톤을 지녀도 '나는 뭘 해도 안 돼' 하고 부정적으로 생각하면 효과는 반감됩니다.

그렇지만 여러분은 '정화하고 싶다'는 마음으로 이 책을 집어 들었습니다. 그리고 이 책에 나온 습관을 여러 모로 시험해 보고 '어? 어쩌면 효과가 있을지도 모르겠네', '마음이 후련해지는 것 같아', '마음이 편안해지겠네'라고 느꼈을지 모릅니다. 그러면서 정화되는 자신을 서서히 느끼기 시작하지 않았나요?

'정화하고 싶다'는 결심, 그리고 무언가를 느끼고 실제로 체감해 보는 일이 '정화'의 의지를 더욱 다져 줍니다. 그리고 그 힘이 여러분의 몸과 마음에서 불필요한 찌꺼기를 제거해 줍니다!

의지력을 더욱 강하게 하는 효과적인 힘은 바로 '말의 힘'

입니다. 소리를 내서 말하고 귀로 들으면 뇌와 잠재의식에 더욱 깊이 새겨져 실현 가능성이 높아집니다. 자신이 하는 말이 자신을 만들어 갑니다. '이상적인 자신', '일어나기 바라는 일', '긍정적인 일', 그것을 소리 내서 말해 보세요.

　'나는 점점 예뻐진다'

　'내 마음은 걱정 한 점 없이 깨끗하다'

　'내 마음은 편안하게 정화되고 있다……'

　여러분이 정화되고 '이상적인 자신으로 변하는' 속도가 더욱 빨라질 겁니다!

　　　　　　　　　　말의 힘으로 정화를 북돋운다!

여기까지 읽은 소감이 어떤가요?

마지막으로 한 가지 습관이 남았습니다.

천천히 페이지를 넘겨 주세요.

101

사랑을 가지고 순환의 힘을 높인다

♦ ♦ ♦

여기까지 참 잘하셨습니다! 자, 마지막 습관입니다.

'없애고', '버리고', '정화하고'……. 우리에게 더 이상 필요하지 않은 찌꺼기를 없애는 것은 새로운 기운을 받아들이는 공간을 만드는 일입니다. 숨을 내쉬지 않으면 새로운 공기가 들어오지 않듯 다채롭고 풍요로운 인생을 살기 위해서는 놓아버리는 용기가 필요합니다.

지금까지 지녀 온 소유물과 사고습관은 여러분에게 필요했던 것입니다. 그렇지만 그것은 이미 자신의 에너지를 모두 쏟아부은 빈껍데기일지도 모릅니다. 앞으로 나가고자 할 때 신발 바닥에 달라붙어 내딛는 발걸음을 막는 껌처럼 지금은 더 이상 필요하지 않을지도 모릅니다. 겁내지 말고 감사하며 놓아 줍시다. 필요한 것은 반드시 다시 찾아온다고 믿어 봅시다. 그러면 틀림없이 그렇게 됩니다.

사랑으로 놓아 주고, 사랑으로 필요한 것이 찾아온다고

기쁜 마음으로 믿읍시다. 우리 몸은 지금까지 우리가 섭취한 음식에서 필요한 것을 흡수하고 필요하지 않은 것을 내보낸 결과로 만들어졌습니다.

소중한 것은 소중히 하고 더 이상 필요하지 않은 것은 놓아 주고, 내가 원하는 것을 받아들여 내일의 자신을 만들어 갑시다.

그러면 이상적인 자신이 되고 행복해집니다.

무엇을 놓아 주고 무엇을 받아들일지는 자신이 정합니다.

자신이 바라는 인생을 만들기 위해 기분 좋게 정화하고 순화시켜야 합니다!

사랑으로 놓아 주고 받아들이면
이상적인 자신이 만들어진다!

감사합니다. 여기까지 읽어 주신 여러분께 마음 깊이 감사의
인사를 보냅니다!

　이 책에는 101가지 정화 방법이 담겨 있습니다. 실제로
해 보고 '좋다! 효과가 있다!'라고 느낀 방법이 있었던 반면,
'음, 그다지 효과가 없는데……'라고 느낀 방법도 있었겠지요.
그것은 사람마다 체질과 기호가 다르므로 당연한 일입니다.
그렇지만 시간을 두고 다시 해 보면 깜짝 놀랄 정도로 몸과 마
음에 잘 맞는 경우도 있습니다. 그러니 꼭 두 번 이상 시험해
주세요!

　지금의 나에게 더 이상 필요하지 않은 것을 정화해 가면
몸과 마음이 점점 맑아짐을 느낄 수 있습니다. 마음이 깨끗해
지면 새로운 생각을 받아들일 공간이 생깁니다.

　'정화' 스위치는 이미 켜졌습니다. 남은 건 즐겁게 계속하
는 일뿐입니다. 계속하다 보면 생각지도 못한 일이 몸과 마음,
인생에 찾아옵니다!

이 책을 읽은 모든 분이 필요 없는 에너지를 놓아 버리고
필요한 에너지를 받아들여 꿈꾸어 온 멋진 인생을 살기를 마
음으로부터 기원합니다!

쓰네요시 아야코